U0178850

商用机器学习

数据科学实践

［加］约翰·赫尔（John C. Hull）著

王勇 陈秋雨 廖琦 译

张翔 审校

MACHINE
LEARNING
IN BUSINESS
An Introduction to the World of Data Science

机械工业出版社
China Machine Press

图书在版编目（CIP）数据

商用机器学习：数据科学实践 /（加）约翰·赫尔（John C. Hull）著；王勇，陈秋雨，廖琦译 . —北京：机械工业出版社，2020.8

书名原文：Machine Learning in Business: An Introduction to the World of Data Science

ISBN 978-7-111-66238-9

I. 商… II. ① 约… ② 王… ③ 陈… ④ 廖… III. 机器学习 IV. TP181

中国版本图书馆 CIP 数据核字（2020）第 141338 号

本书版权登记号：图字 01-2020-3404

商用机器学习：数据科学实践

出版发行：机械工业出版社（北京市西城区百万庄大街 22 号 邮政编码：100037）

责任编辑：施琳琳

责任校对：殷 虹

印　刷：北京文昌阁彩色印刷有限责任公司

版　次：2020 年 9 月第 1 版第 1 次印刷

开　本：147mm×210mm　1/32

印　张：6.75

书　号：ISBN 978-7-111-66238-9

定　价：79.00 元

客服电话：(010) 88361066　88379833　68326294　　投稿热线：(010) 88379007

华章网站：www.hzbook.com　　　　　　　　　　　读者信箱：hzjg@hzbook.com

版权所有·侵权必究

封底无防伪标均为盗版　　本书法律顾问：北京大成律师事务所　韩光 / 邹晓东

MACHINE LEARNING
IN BUSINESS

作者简介

约翰·赫尔

加拿大多伦多大学罗特曼管理学院教授。在本书出版之前，他曾在金融衍生产品和风险管理领域出版了三本畅销书⊖，因其著作侧重于应用，故在业界和学术领域都享有盛名。赫尔教授还是罗特曼管理学院金融创新实验室（FinHub）主任，该实验室负责研究金融创新产品并开发诸多相关教学资料。他还曾担任北美、日本和欧洲诸多公司的顾问，并获得过许多教学奖，包括多伦多大学著名的诺斯罗普·弗莱奖（Northrop Frye Award）。

⊖ 三本畅销书分别是《期权、期货及其他衍生产品》《期权期货市场基本原理》《风险管理与金融机构》，相应的中文版均已由机械工业出版社出版。

译者和审校者简介

王勇　加拿大达尔豪斯大学数学博士，国家千人计划专家，现任天风证券首席风险官，CFA，FRM，著有《金融风险管理》，并主持翻译了《期权、期货及其他衍生产品》《风险管理与金融机构》《区块链：技术驱动金融》《未来金融：人工智能与数字化》等多部著作。

陈秋雨　浙江大学经济学博士，现就职于西交利物浦大学国际商学院，上海期货交易所与复旦大学联合培养博士后，并获"最佳博士后"称号，曾获中国期货业协会举办的全国高校论文大赛一等奖，目前从事人工智能交易与风险管理、区块链、数据科学、衍生产品交易等研究和教学。

廖琦　多伦多大学经济学硕士，现任上海光大光证股权投资基金管理有限公司总经理，FRM，在金融风险管理、巴塞尔协议和金融监管、资产证券化、股权投资以及政府和社会资本合作等领域有十余年丰富经验。

张翔　教授，中国系统工程学会金融系统工程专业委员会委员，中国通信学会金融科技委员会委员，中国金融四十人（青年），四川省天府万人计划专家，现任西南财经大学大数据研究院副院长，博士生导师，华期梧桐资产管理有限公司首席科学家。

译者序

　　近年来，金融科技浪潮风靡业界，其应用呈现纷繁景象。业界人士应该如何面对这扑面而来的巨变，确保自身的知识结构及时更新而不被淘汰？学术界又应该如何跟上形势，确保学生在走出校园时已经具备业界最需要的知识和技能？虽然人们对 ABCD（AI、Blockchain、Cloud Computing、Big Data）的重要性已经达成了一些共识，但当面对金融科技的具体技术时，很多人仍会感到茫然，无从下手。其中，给业界人士带来最大困惑的领域莫过于人工智能，特别是最能体现人工智能的机器学习更加让人们觉得是难以逾越的鸿沟。

　　衍生产品和风险管理专家约翰·赫尔教授的最新著作《商用机器学习》的出版恰逢其时，它在讲解技术内涵与保持商业直觉方面做到了很巧妙的平衡。本书延续了约翰·赫尔教授深入浅出的叙述风格，特别适合业界人士了解机器学习的核心内容，也非常适合大学、商学院用于教学，以培养具备金融科技前沿知识的社会人才。

　　翻译本书时恰逢新冠病毒在全国肆虐，在闭门配合疫情防治期间，我们每天关注疫情的发展，一边担忧着，一边感动着；一边为祖国强大的治理体系欣慰着，一边被医护人员的英雄行为激励着。与此同时，疫情的泛滥让民众前所未有地感受到在线模式的价值，为了对抗疫情的打击，教育、商业、工业等紧急仓促地转向了在线科技模式，以最大限度地减少疫情对自身的冲击，也由此让那些早有准备的行业迎来了发展商机。在此次疫情中，大数据和人工智能发挥了很大的作用，加速了数据分析的过程，为对抗疫情节省了宝贵的时间。相信机器学习会在今后的疫情预防方面实现人类无法预想的尝试和探索。我们也相信，经过此次疫情肆虐，很多行业将实现颠覆性的改变，从此探索出一条创新之路。

机器学习领域博大精深，译稿有不妥之处在所难免，承蒙读者海涵。另外，本书内容涉及很多机器学习领域的专有名词，为此我们查阅了很多相关领域的著作，部分用词似乎在业界也没有达成共识，欢迎读者对翻译不妥之处及专有名词的选用给出宝贵的意见和建议。黄红华先生和刘西多女士曾为本书的翻译提供了帮助，另外本书由西南财经大学张翔教授审校，在此我们深表感谢！

本书翻译接近尾声时，国内疫情形势已经出现了明显的好转，黎明将至，深感欣慰之时，衷心祝愿祖国更加强大，民众健康平安！

译者

2020 年 2 月 27 日

前　言

　　本书基于我在商学院的教学经验而创作，是关于机器学习的一本入门书籍，读者面向商学院学生和企业管理团队。本书的技术性不算太强，其目的不是要把读者培养成数据科学家，而是让读者了解"数据科学家"这个职业，并介绍这些数据科学家如何助推企业发展。

　　很多学生认识到，机器学习已经对业界产生了巨大的影响，从业者只有掌握机器学习的基础知识，才能在竞争日趋激烈的世界中生存。今天，业界所有高管都需要知道如何使用计算机；明天，业界所有高管都需要熟知大数据的含义，并需要与数据科学家合作，以此提高自身的竞争力。

　　在本书中，我并没有使用矩阵或向量运算，也没有使用微积分（除了在第 6 章的附录中使用微积分来解释反向传播）。虽然这些量化知识很有用，但根据我的观察，大多数商学院学生和企业高管对这些知识并不熟悉。

　　本书介绍了数据科学家最常用的算法，掌握这些算法能够让读者根据自身情况，与数据科学家高效合作。在本书中，我通过使用不同的数据集来解释算法。这些数据集可以从以下网站下载：www-2.rotman.utoronto.ca/~hull。

本书使用的数据集附带 Excel 工作表和 Python 代码，我注意到，在选修我的课程之前，几乎所有的学生都能熟练使用 Excel 工作表，但我认为所有的从业人员还应该尽快适应 Python 代码。几乎所有学生都已经认识到，编码技能已经成为业界人士必需的技能。

读者可以从我的网站上下载 Power Point 幻灯片，欢迎选择采用本书的教师根据自己的需要对幻灯片进行调整。

在本书的写作过程中，很多人曾给予我帮助。我要特别感谢 Jay Cao、Jeff Li 和 Niti Mishra，他们提供了本书附带的大部分 Python 代码。我还要感谢罗特曼管理学院金融创新实验室及全球金融服务风险研究所（Global Risk Institute in Financial Services）为机器学习和金融创新研究以及相应教学资料的开发提供资金支持。Peter Christoffersen（他于 2018 年不幸英年早逝）和 Andreas Park 是我在 FinHub 的同事，他们为我写作本书提供了很多灵感。

欢迎读者来信对本书做出评价并给出建议，我的电邮地址是 hull@rotman.utoronto.ca。

MACHINE LEARNING
IN BUSINESS

目　录

作者简介
译者和审校者简介
译者序
前言

第 1 章　引言 / 1

　　1.1　关于本书及相关材料 / 4

　　1.2　机器学习分类 / 5

　　1.3　验证和测试 / 7

　　1.4　数据清洗 / 14

　　1.5　贝叶斯定理 / 17

第 2 章　无监督学习 / 23

　　2.1　特征缩放 / 24

　　2.2　k-均值算法 / 25

　　2.3　设置 k 值 / 28

　　2.4　维度灾难 / 31

　　2.5　国家风险 / 32

　　2.6　其他聚类方法 / 39

2.7　主成分分析 / 41

第 3 章　监督学习：线性回归 / 49

3.1　线性回归：单特征 / 50

3.2　线性回归：多特征 / 52

3.3　分类特征 / 54

3.4　正则化 / 55

3.5　岭回归 / 56

3.6　套索回归 / 61

3.7　弹性网络回归 / 64

3.8　房价数据模型结果 / 65

3.9　逻辑回归 / 71

3.10　逻辑回归的准确性 / 72

3.11　信贷决策中的运用 / 74

3.12　k-近邻算法 / 80

第 4 章　监督学习：决策树 / 84

4.1　决策树的本质 / 85

4.2　信息增益测度 / 86

4.3　信息决策应用 / 88

4.4　朴素贝叶斯分类器 / 94

4.5　连续目标变量 / 99

4.6　集成学习 / 102

第 5 章　监督学习：支持向量机 / 108

5.1　线性 SVM 分类 / 108

5.2　关于软间隔的修改 / 115

5.3　非线性分离 / 117

5.4　关于连续变量的预测 / 119

第 6 章　监督学习：神经网络 / 125

　　6.1　单层神经网络 / 125

　　6.2　多层神经网络 / 129

　　6.3　梯度下降算法 / 131

　　6.4　梯度下降算法的变形 / 136

　　6.5　迭代终止规则 / 138

　　6.6　应用于衍生产品 / 139

　　6.7　卷积神经网络 / 140

　　6.8　递归神经网络 / 142

　　附录 6A　反向传播算法 / 146

第 7 章　强化学习 / 148

　　7.1　多臂老虎机问题 / 149

　　7.2　环境变化 / 156

　　7.3　Nim 游戏博弈 / 158

　　7.4　时序差分学习 / 162

　　7.5　深度 Q 学习 / 164

　　7.6　应用 / 165

第 8 章　社会问题 / 170

　　8.1　数据隐私 / 171

　　8.2　偏见 / 172

　　8.3　道德伦理 / 174

　　8.4　透明度 / 176

　　8.5　对抗机器学习 / 177

　　8.6　法律问题 / 178

　　8.7　人类与机器 / 179

部分习题答案 / 182

术语表 / 198

第 1 章

引　言

　　机器学习在商界已经成为越来越重要的分析工具，事实上从业者在方方面面的工作中都已经感受到了其影响。机器学习的核心在于运用大数据来研究各个变量之间的关联性，在千丝万缕的交互变量中寻找规律，并进行分析和预测。迄今为止，机器学习运用于分析和预测消费行为、股票市场价格等，已经屡见不鲜。随着计算机速度的提高以及大数据存储成本的降低，我们运用机器学习的广度会有所拓宽，深度也会有所加深，而这些应用在 20 年前或 30 年前根本都是无法想象的。

　　机器学习是人工智能的一个分支。人工智能的核心在于开发机器对于人类智力的探索和模仿，而机器学习通过对大量数据的处理有效提高了人工智能的效率。毋庸置疑，机器学习是人工智能发展史上最值得期待，并且也是最具商业价值的环节。

为了解释机器学习与其他人工智能方法的区别，我们举一个简单的例子，假设我们想编一套计算机程序来模拟"井字棋"程序（tic tac toe，又名 noughts and crosses）。一种方法是向计算机提供一个查找表，列出可能出现的位置，以及对应每个位置上的人类专业玩家所能做的移动；另一种方法是向计算机呈现大量的游戏（例如，通过安排计算机与自身进行数千次的对抗），并让计算机学会最好的动作，该方法就是机器学习的应用。以上两种方法虽然都可以成功用于类似井字棋这样的简单游戏，但机器学习方法可以用于更复杂的游戏，如国际象棋和围棋，而第一种方法显然是不可能的。

语言翻译可以很好地说明机器学习的能力。我们如何对计算机进行编程来实现两种语言之间的翻译呢，比如从英语到法语？一种做法是给计算机输入一本英法词典。不幸的是，逐字翻译的效果会很差。因此我们很有必要尝试其他编程规则，即对英语语法和法语语法也进行编程。但这并不容易实现，即使做到了，结果也远非完美。谷歌开创了使用机器学习的一套更好的方法，这就是在 2016 年 11 月宣布的、被称为"谷歌自然语言翻译"（GNMT）的算法。[⊖]计算机首先被提供了数百万页的材料，由专业翻译人员从英语翻译成法语，然后让计算机从这些材料中学习，并建立自己的翻译规则。与以前的方法相比，通过这种方法得出的翻译结果确实有了很大改进。

数据科学包含机器学习，但数据科学有时被认为是一个更

⊖ See https://arxiv.org/pdf/1609.08144.pdf.

为广泛的领域，比如系统开发和运用，这些运用是为了帮助决策者进行业务决策。⊖ 在本书中，"机器学习"和"数据科学"这两个术语是等同的。这是因为，如果机器学习专家不参与助推其雇主想要实现的管理目标，就很难看出这些专家在商业领域中是如何有效地工作的。

机器学习或数据科学是统计学中的一个全新领域。传统统计学讨论的基本内容包括概率分布、置信区间、显著性检验、线性回归等。掌握这些基础理论知识非常重要，但现在我们可以通过大数据来研究一些过去无法实现的功能，例如：

- 通过非线性模型来预测和提高决策的正确性；
- 可以在数据中搜索，以提高公司对其客户和经营环境的了解；
- 开发一套决策规则来应对当下复杂多变的环境。

如上所述，机器学习所能实现的很多功能都离不开计算机运行速度的提高和数据存储成本的降低。

当统计学家或计量经济学家涉猎机器学习时，他们对一些术语可能会感到很奇怪。例如，统计学家和计量经济学家喜欢谈论自变量和因变量，而决策者喜欢谈论特征和目标。随着本书的展开，我们将解释这些数据科学术语，并在本书最后提供术语表。

⊖ See, for example, H. Bowne-Anderson, "What data scientists really do , according to 35 data scientists," Harvard Business Review, August 2018: https://hbr.org/2018/08/ what-data-scientists-really-do-according-to-35-data-scientists.

1.1 关于本书及相关材料

本书旨在为读者带来有用的知识，并帮助他们有效地与数据科学家合作。本书涉及的机器学习知识并不高深，不会把读者转变成一个数据科学家，但我们希望本书能激励一些读者在这方面继续深造，增强自己的技能。数据科学很可能会被证明是 21 世纪最具价值、最令人激动的专业。

为了更有效地使用机器学习技术，我们必须要了解其底层算法。很多人在学习机器学习技术时，往往会使用机器学习的编程语言及大量相关的语言包，却不知道这些语言包的具体含义，甚至无法准确解读其结果，这就好比一位金融从业者使用布莱克－斯科尔斯模型（Black-Scholes Model）为期权进行估值，却不了解布莱克－斯科尔斯模型的来历，也不知道它的使用局限性。

在本书中，我们将向各位介绍机器学习背后的算法逻辑，从而帮助读者系统准确地理解最终结果。很多研究机器学习的学者都希望掌握一门像 Python 这样的编程语言，业界也依据 Python 开发了许多软件包。由此在本书中我们将采用一种新的学习方式，即同时使用 Excel 和 Python 进行学习，因为对于很多初学者来说，Excel 较 Python 更易于上手。

读者可以在以下链接中下载关于本书的学习资料：www-2. rotman.utoronto.ca/~hull，也可以从 Excel 开始入手，按照自己的节奏，最后慢慢转向 Python，并依据各种机器学习的语言包，来快速处理海量数据，而这些功能在 Excel 中则难以实现。

1.2　机器学习分类

机器学习可以分为以下四种类型：

- 监督学习；
- 无监督学习；
- 半监督学习；
- 强化学习。

监督学习（supervised learning）常常运用于预测分析。在本章下一个小节中，我们将举例展示如何运用回归模型来预测工资水平。在第3章中，我们将运用一个类似但更复杂的模型来展示监督学习在预测房价中的作用。我们通过这两个例子来区分监督学习在连续变量（比如个人工资水平或房价）预测和分类预测中的运用。分类模型在机器学习中也很常见，比如我们后面将看到一个实际的机器学习运用场景，即运用机器学习将潜在借贷者进行信用分级以便做出借贷决策。

无监督学习（unsupervised learning）常常用于描述数据的变化规律，主要目的不是用来预测某个特殊的变量，而是理解数据的发展和变化规律。假设一家公司准备向消费者推广一系列的产品，无监督学习可以通过研究消费者的历史消费数据，总结消费者的特征与规律，这反过来又会影响产品广告方式的选择。我们将在第2章中介绍无监督学习的常用模型——聚类模型。

在监督学习中，数据可以分为两大类——标签和特征。所谓标签是指预测的目标值，而特征则是用于预测的特征数据。例如，如果我们需要预测房价，特征可以包含房屋面积、卧室个数、卫生间个数、车库大小、地下室是否完工等，而房价则是我们最终预测的目标值，这里的房价就是标签。在无监督学习中，我们同样需要用到特征，但不需要标签，因为无监督学习用于描述数据的规律，而不是进行预测。对于上述举例，我们可以用无监督学习来总结某些区域中房子的特征，而不是预测价格。依靠无监督学习，可以在同一个社区归纳出两种不同类型住房的特征，第一种类型的特征包含 1 500 ～ 2 000 英尺[⊖]的居住面积、3 个房间以及 1 个车库；第二种类型则是 5 000 ～ 6 000 英尺的居住面积、6 个房间以及 2 个车库。

接下来我们讨论半监督学习。顾名思义，**半监督学习**（semi-supervised learning）是介于监督和无监督之间的一种机器学习方法。当我们在做预测分析时，我们常常既有标签数据，同时又有非标签数据，有时非标签数据往往被认为没有意义而被忽略，但事实可能不然。通过将非标签数据与标签数据混合在一起，我们可以进行聚类分析，从而更精确地实现我们的预测目的。例如，假设我们想通过诸如年龄、收入水平等特征，来预测客户是否会购买某种产品。进一步假设，我们有少量标签数据（如表示客户特征以及是否购买产品的数据）和更大数量的未标签数据（表示潜在客户特征，但不表示他们是否购买产品）。我们可以利用这些特征应用无监督学习对潜在客户进行

⊖ 1 英尺 =0.304 8 米。——译者注

聚类分析。想象下面这种简单的情形：

- 在完整的数据集中有 A 和 B 两个聚类；
- 标签数据中的购买者都对应于聚类 A 中的点，而标签数据中的非购买者都对应于聚类 B 中的点。

我们可以合理地将 A 类的所有个人归类为买家，B 类的所有个人归类为非买家。

人类使用半监督学习来认识世界。想象一下，假如你不知道"猫"和"狗"的名字，但你很有观察力。你会注意到社区里有两组截然不同的家养宠物，最后有人指着这两种动物，告诉你一种是猫，另一种是狗。你不难使用半监督学习中的标签应用到你见过的所有其他动物身上。如果人类可以这种方式使用半监督学习，机器这样做也就不足为奇了。

我们要讨论的最后一类机器学习方法是**强化学习**（reinforcement learning），它涉及机器学习算法与环境交互，并做出一系列决策的情况，环境一般随着决策以不确定的方式进行变化。无人驾驶汽车使用的就是强化学习算法。强化学习算法也是前面提到的，用于围棋和国际象棋的程序的基础，它们也被金融领域的一些算法交易策略所使用。我们将在第 7 章中讨论强化学习。

1.3 验证和测试

利用机器学习进行预测分析或决策支持时，一个非常重要的先决条件是输入的数据是否有代表性，这在很大程度上影响了最终结果的准确度。例如，如果我们用一部分高收入人群的消费行为来预测全国的销售情况，毫无疑问最终的结果将会有很大的偏差。

长期以来，统计学家意识到用样本外数据来验证模型准确性的重要性。我们指的是，测试模型的数据应该不同于模型中用来拟合参数的数据。数据科学家把拟合参数的样本数据称为训练集，将用于测试模型准确性的数据称为测试集（通常也用到验证集，我们将在这一节的后面进行介绍）。

我们将用一个非常简单的例子来展示训练集和测试集的用法。我们用美国某个地区 10 位从事特定职业的人的年龄来预测这部分人群的收入情况（在真实的机器学习实践中，数据量级远超于此）。表 1-1 给出了训练数据集，图 1-1 为表 1-1 中数据的散点分布图。

表 1-1　训练数据集：某地区从事某一特定职业的 10 个随机抽样工资数据

年龄（岁）	工资（美元）
25	135 000
55	260 000
27	105 000
35	220 000
60	240 000
65	265 000
45	270 000
40	300 000
50	265 000
30	105 000

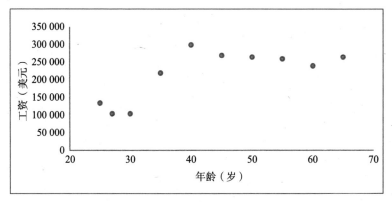

图 1-1　表 1-1 中数据的散点分布图

　　选择一个能拟合各项数据的模型非常重要。经过一些试验，我们可以选择一个五次多项式建立这个模型：

$$Y = a + b_1X + b_2X^2 + b_3X^3 + b_4X^4 + b_5X^5 \qquad （1-1）$$

在式（1-1）中，Y 代表工资收入，X 代表年龄。图 1-2 展示了数据拟合五次多项式的结果（关于完整的数据分析结果，请参考 www-2.rotman.utoronto.ca/~hull）。

　　从图 1-2 中可见，模型对数据进行了很好的拟合，训练集中 10 个样本的模型估算工资水平与真实工资水平之间的标准偏差即**均方根误差**（root mean square error，RMSE）为 12 902 美元。然而，为了避免模型的**过度拟合**（over-fit）情况（这是因为图 1-2 看起来很不现实，它随着年龄的增大一会儿下降，一会儿上升，接着又下降、又上升），我们需要用样本外数据对其结果进行测试。用数据科学的语言来表达就是，我们需要确定模型是否很好地泛化到与表 1-1 不同的新数据上。

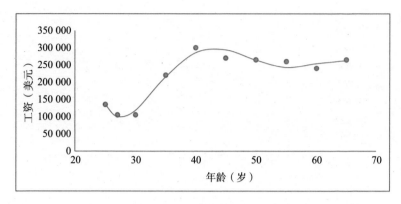

图 1-2　表 1-1 和图 1-1 中数据拟合的五次多项式结果（具体
结果请参考 Excel 文件：Salary vs. Age）

假设我们的测试数据集包括新增的 10 个样本的工资收入
数据（见表 1-2），该数据的散点分布图如图 1-3 所示。当我
们用图 1-2 中拟合的模型时，所得出的结果中均方根误差为
38 794 美元，较之前我们使用表 1-1 中的训练数据集进行拟合
得出的 12 902 美元有明显升高。该结果证明，图 1-2 中的模
型存在过度拟合现象，即模型拟合结果不具有通用性。

表 1-2　测试数据集：新一组的工资收入样本数据

年龄（岁）	工资（美元）	年龄（岁）	工资（美元）
30	166 000	27	150 000
26	78 000	33	140 000
58	310 000	61	220 000
29	100 000	27	86 000
40	260 000	48	276 000

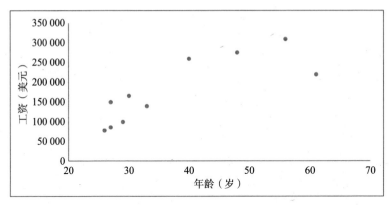

图 1-3　表 1-2 中数据的散点分布图

在这种情况下，常规的调整步骤是寻找一个新的模型。通过对图 1-1 中的散点分布进行分析，我们调整模型为二次多项式，公式为：

$$Y = a + b_1 X + b_2 X^2 \qquad (1\text{-}2)$$

图 1-4 展示了上述二次多项式模型对图 1-1 中训练数据集的最佳拟合结果，该拟合结果的均方根误差为 32 932 美元，拟合效果不及式（1-1）。但是，该二次多项式模型与表 1-2 中测试数据集的拟合效果有所提升，该二次多项式项模型对测试数据集的拟合均方根误差为 33 554 美元，只比训练数据集的均方根误差 32 932 美元高一点。因此，二次多项式模型可以作为更适合的模型，可替换前面用到的五次多项式模型。

在前面的例子中，相比于图 1-2 而言，图 1-4 所用到的模型更为简单，并且是更为合适的模型。但我们不能武断地得出越简单的模型就越行之有效这一结论。例如，假设我们选用比二次多项式更简单的模型——线性模型来进行拟合，结果如

图 1-5 所示。我们可以非常直观地看到，模型没有展现出超过 50 岁的人工资水平将会下降这一趋势，在这次拟合中训练集的均方根误差为 49 731 美元，其效果远低于二次多项式模型。

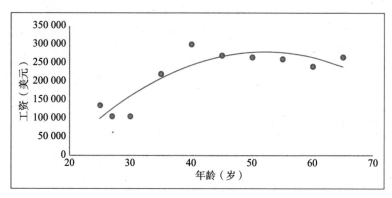

图 1-4　表 1-1 和图 1-1 中数据拟合的二次多项式结果（详细数据请参考 Excel 文件：Salary vs. Age）

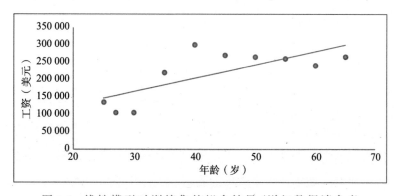

图 1-5　线性模型对训练集的拟合结果（详细数据请参考 Excel 文件：Salary vs. Age）

表 1-3 总结了我们之前用到的三个不同模型拟合的均方根误差的结果。其中相较五次多项式模型，线性模型和二次多项

式模型的结果都比较理想，但如果从准确性来看，二次多项式模型更佳，五次多项式模型存在过度拟合的情况，而线性模型则存在欠拟合（under-fit）现象。

表 1-3　不同模型拟合的均方根误差（见 Excel 文件）

	五次多项式模型	二次多项式模型	线性模型
训练数据（见表 1-1）	12 902	32 932	49 731
测试数据（见表 1-2）	38 794	33 554	49 990

如何平衡过度拟合或欠拟合的情况呢？在机器学习中这是一个很重要的问题，我们将在本书后续章节中详细讨论。我们将看到，一些机器学习的算法中包含了大量的参数，所以即使我们拥有足够大的训练集，过度拟合的情况仍会出现。基于我们之前列举的简单案例，我们得出经验法则如下：

模型的复杂性应不断增加，直到该模型在样本外测试的表现不佳为止。

在前面列举的工资水平预测案例中，我们使用了两种数据集：第一种为训练集，用以建立模型；第二种为测试集，用以测试模型应用到样本外数据的有效性。如果我们只需要建立一种模型并测试其对预测的有效性，那么使用上述两种数据集即可满足需求。然而，在实际运用中，我们往往需要建立一系列的模型来对比它们的预测效果（在工资预测的例子中，我们也有所涉及）。所以，我们通常会将数据分为以下三组：

- 训练集；
- 验证集；
- 测试集。

训练集一般用于开发备选模型。验证集用于观测模型对于数据的拟合情况，从而选出较好的模型。在选取较好的模型之后，测试集则被用来对所选中模型的精确性进行样本外测试。在常规的做法中：将数据的 60% 作为训练集，30% 作为验证集，10% 作为测试集。当然，我们可根据选取模型的类型和数据量进行灵活分配。

最后需要声明一下，在本小节中我们列举的例子并不是真实的机器学习案例，因为样本量太少（利用 10 个观测值显然并不足以可靠地去研究学习两个变量之间的关系）。我们的目的仅仅是希望通过这个简单的例子向各位读者介绍过度拟合和欠拟合的具体含义。

1.4 数据清洗

在机器学习过程中，**数据清洗**（data cleaning）这一步骤非常重要。据统计，数据科学家在进行数据分析时，数据清洗的步骤平均占用 80% 的时间。在大数据的应用中，因为数据质量良莠不齐，我们更加需要数据清洗这一步骤，它成为决定最终机器学习质量的重要环节。我们常常说起的"废料入，废品出"，完美地概括了数据质量在数据分析中的重要性。在这一阶段中，我们首先指出，数据按照其特征可分为以下两类：

- 数值型；
- 分类型。

数值型数据由数字组成，分类型数据则是根据描述对象的性质进行分类的数据。例如，在用于预测房价的数据中，将房屋周围的道路按照柏油路、水泥路、草地等分类就是分类型数据。由于分类型数据无法直接用于计算，我们需要将分类型数据转化成数值型以满足计算的需要，对于相关内容，我们将在第3章中介绍。

下面列举了对这两类数据进行数据清洗的一些方法。

1. 纠正记录格式不一致

无论是数值型数据还是分类型数据，都有可能出现记录格式不一致的情况。例如，在记录房屋的占地面积时，将出现各类不同的数值型记录方式：3300、3,300、3,300英尺、3300+等。研究数据内容并制定清洗数据方式，显然非常有必要。在分类型数据中，记录道路的类型同样可能出现"asphalt" "Asphalt" "asphalt."等不统一的格式。在清洗这种类型的数据问题时，最简单的方式是先列出关于同一数据中不同的记录方式，然后再按照统一的格式和内容进行修改。

2. 剔除无效数据

假设我们需要预测某一区域的房价，但数据中混杂了某些公寓或房屋的所在地区并不在需求的地域内的数据，显然在做进一步数据分析前，需要找到这部分无效数据并进行剔除。

3. 清洗重复数据

当数据由不同的数据源合并而成或者不同的人参与建立新数据时，数据重复很容易发生，并会导致结果出现偏差。所以在数据清洗阶段，运用搜索算法来识别和去掉重复数据就非常必要。找到科学的算法并对数据进行去重，这一点十分重要。

4. 清洗异常值

对于数值型数据异常值，我们可以通过数据的分布或设置条件进行判断，比如与均值之间的差异大于 6 个标准差。当然，有时候异常值也可能是数据采集时的人工错误。例如，将一栋房屋的占地面积记录为 33 000 平方英尺[⊖]，很显然实际上应该是 3 300 平方英尺。需要提醒的是，我们在处理数据时，需要有科学的依据来判断哪些为异常值，以及是否需要剔除。一部分极端数据值如果确实是真实有效的话，那么它们对数据分析非常有意义，而异常值对于机器学习结果的影响取决于应用的模型。例如，在回归模型中，异常值的影响将会很大，我们将在第 3 章中具体介绍这些内容。而其他模型，比如决策树（在第 4 章中会详细介绍）则受异常值影响较小。

5. 清洗缺失数据

在很多大数据中，常常会有数据缺失的情况。一种简单的方法是将缺失的数据或关联的特征直接删除。但这样的处理方式并不是最理想的，而且会减少数据量，从而带来统计偏差。对于分类型数据缺失的处理，最简单的方式是将缺失数据

⊖ 1 平方英尺 = 0.092 9 平方米。

设置为一列，并将其重新命名，比如命名为"缺失值"。而对于数值型数据而言，一种方法是以数据的均值或中位数来替代缺失数据。例如，如果一栋房屋的占地面积是缺失的，但在我们目前已采集的非缺失数据中，房屋占地面积的中位数为3 500，我们则可以将缺失数据替换为3 500；另外一种更复杂的方式是通过模型，即用非缺失值来推导缺失值。有时候，假设数据是随机缺失的，具有一定的合理性。而有时候，数据缺失本身就具有一定的分析价值。在后续的案例中，我们对于缺失数据的处理是通过增加新的变量的方式进行的：如果数据不缺失，该变量被设定为零；否则，该变量被设定为1。

1.5　贝叶斯定理

在机器学习中，我们有时候会对估计结果的可能性感兴趣。这个结果可能是一笔消费者贷款违约，或者一笔被证实的欺诈性交易。在通常情况下，一个结果的发生会有一个初始概率。当收到新的数据后，这个概率会更新成为基于这个新数据的条件概率。贝叶斯定理常常用于计算条件概率。

贝叶斯定理是托马斯·贝叶斯在1760年提出的：假设$P(X)$是事件X可能发生的概率，$P(Y|X)$是在事件X发生的条件下，事件Y发生的概率。贝叶斯定理指出：

$$P(Y|X) = \frac{P(X|Y)\,P(Y)}{P(X)} \tag{1-3}$$

贝叶斯定理的证明过程非常直观，从条件概率的定义出发：

$$P(Y|X) = \frac{P(X,\,Y)}{P(X)} \tag{1-4}$$

以及:

$$P(X|Y) = \frac{P(X, Y)}{P(Y)} \qquad (1\text{-}5)$$

将式（1-4）中的 $P(X, Y)$ 替换成 $P(X|Y) P(Y)$，便得到了贝叶斯定理的公式。

举个贝叶斯定理的实际应用例子。假定银行现在需要识别哪些消费者有不正常交易的记录，通过历史数据已知 90% 的不正常交易记录金额都超过 10 万美元，且发生在下午 4 点到 5 点之间。在总交易记录中，不正常交易数量占比为 1%，发生在下午 4 点到 5 点之间的超过 10 万美元的交易记录占 3%。

根据上述条件，我们定义:

- X: 发生在下午 4 点到 5 点之间，且交易金额超过 10 万美元；
- Y: 不正常交易。

已知 $P(Y) = 0.01$，$P(X|Y) = 0.9$，$P(X) = 0.03$，根据贝叶斯定理:

$$P(Y|X) = \frac{P(X|Y) P(Y)}{P(X)} = \frac{0.9 \times 0.01}{0.03} = 0.3$$

在随机抽取一部分交易记录时，可能抽取到不正常交易的概率仅为 1%。但是当我们加上“发生在下午 4 点到 5 点之间，且交易金额超过 10 万美元”这个限制条件时，通过贝叶斯定理计算出的概率提升为 30%。该定理的作用显而易见。如果这家银行拥有网上交易系统，则可以将系统设置为禁止下午 4 点到 5 点之间超过 10 万美元的交易行为，并对符合这些条件的交易进行进一步核查。

贝叶斯定理有效地允许我们在计算概率的时候，将条件约束进行反转，这样所获得的结果往往与我们主观的认知有所不同。假设一种疾病的确诊准确度高达 99%（也就是说，如果一个人在有病的情况下去做检测，那么检测结果有 99% 的概率为阳性，即检测出这个人有病）。我们同样假设，当一个人在没病的情况下去做检测时，检测结果有 99% 的概率是阴性（即没有检测出这个人有病）。在这里，假设这种疾病非常罕见，即个体患病的（无条件）概率仅有万分之一。如果某个人已经被检测为阳性，那么此人确实被感染的概率是多少？

第一个想到的答案是 99%（毕竟有 99% 的准确率）。然而，却混淆了条件概率结束。假设 X 代表测试结果为阳性，Y 代表测试者被感染，我们需要计算的概率是 $P(Y|X)$，而我们已知的是 $P(X|Y)=0.99$，$P(Y)=0.0001$；另外，假设 $\bar{X}$ 代表测试结果为阴性，$\bar{Y}$ 代表此人没有被感染，且已知：

$$P(\bar{Y})=0.9999$$

以及：

$$P(\bar{X}|\bar{Y})=0.99$$

因为无论是 X 还是 $\bar{X}$，总有一个为真，所以，我们知道 $P(\bar{X}|\bar{Y})+P(X|\bar{Y})=1$，由此得出：

$$P(X|\bar{Y})=0.01$$

综上，测试结果为阳性的可能性为：

$$P(X) = P(X|Y)P(Y) + P(X|\overline{Y})P(\overline{Y})$$
$$= 0.99 \times 0.000\,1 + 0.01 \times 0.999\,9 = 0.010\,1$$

套用贝叶斯定理式（1-3），得出：

$$P(Y|X) = \frac{P(X|Y)P(Y)}{P(X)} = \frac{0.99 \times 0.000\,1}{0.010\,1} = 0.009\,8$$

从这里可以看出来，如果你得到一个阳性的检测结果，你得该病的概率少于1%。检测结果相对于无条件概率0.000 1而言增加了98倍，但依然很低。这里最关键的是，"准确率"被定义为在一个人患病的条件下获得正确的诊断结果的条件概率，而并非相反的条件。

我们将在第4章中以贝叶斯定理为基础，向各位读者介绍朴素贝叶斯分类器。

小　结

机器学习是涉及从大数据中进行学习的人工智能的一个分支。它包括开发算法来进行预测、数据聚类或与环境以最佳交互的方式进行序贯决策。

传统的统计分析方法首先是建立一个假设（在不参考数据的情况下），然后再对假设进行验证。但机器学习不同，它不设置任何假设前提，模型可以整体从数据中衍生出来。

验证和测试是机器学习中非常重要的部分。运用机器学习建立的模型必须在样本外进行测试。一个过于复杂的模型可能会导致对训练集的过度拟合，从而不能很好地泛化到新的数据集，而一个过于简单的模型可能无法捕获数据的重要特性。因此，数据集需要被拆分为三组：训练集用于建立备选模型，验证集用于检验模型对于数据的通用性，测试集被放在最后，用于选定模型准确性的最后检测。

不能忽略的一点是，在运用机器学习算法之前，必须要先进行数据清洗。数据按照性质可分为数值型和分类型两种，不论哪一种都可能存在数据记录格式不一致、数据无效等问题。同时对于数据，我们还需要检查重复性问题，以及可能由此导致的偏差。对于很明显因为录入失误导致的异常值，我们要将其剔除，最后我们需要以合适的方法处理缺失数据，以免结果出现偏差。

贝叶斯定理有时被用于量化一些不确定性，这是一种逆转条件概率的方法。假设我们已知事件 Y 发生的概率，并能够观测到另外一个相关的事件 X 的发生。又假设根据经验我们知道在事件 Y 发生的条件下事件 X 发生的概率，那么贝叶斯定理可以让我们计算在事件 X 发生的条件下事件 Y 发生的概率。

正如我们在本章中提到的，机器学习有别于传统统计学，有其自身的术语体系。在本章最后，我们做一下总结。特征是我们目前已有的观测数据，目标是我们想要对其进行预测的变量，标签是对目标的观测结果。监督学习是一种机器学习方法，我们使用相关特征和目标的数据来预测新数据的目标。无监督学习则是通过已有数据理解其变化规律（因为没有预测目标，所以在数据中也没有标签），半监督学习包括从部分标记的数据（提供目标值）和部分未标记的数据（不提供目标值）对目标进行预测。最后，强化学习关注于对序贯决策生成算法，使决策者可以与不断变化的环境进行交互。对于其他机器学习理论，我们将在本书后续章节中继续介绍。

练习题

1. 机器学习和人工智能的区别有哪些？

2. 请列举两种监督学习的预测模型。

3. 无监督学习适用于什么场景？

4. 强化学习适用于什么场景？

5. 半监督学习适用于什么场景？

6. 如何判断机器学习模型结果是否存在过度拟合的情况？

7. 请阐述验证集和测试集的作用。

8. 什么是分类型数据？

9. 请列举五种不同的数据清洗方式。

10. "贝叶斯定理可以对条件概率来求逆（invert the conditionality)"，如何理解这句话的含义？

作业题

1. 请将三次多项式和四次多项式应用于 Salary vs. Age 数据中（第 1.3 节的案例），效果如何？请计算出训练集和测试集在两种模型中的误差的标准差。

2. 假设有 25% 的邮件为垃圾邮件，且 40% 的垃圾邮件中包含了一个特殊词。在所有邮件中仅有 12.5% 包含这个特殊词。如果一封邮件包含该特殊词，则该邮件是垃圾邮件的概率是多少？

第 2 章

无监督学习

正如第 1 章中讲到的，无监督学习主要用于发现数据的规律。该学习方式的目标不是预测某个目标变量的值，而是了解数据的结构以及聚类方式。这一学习方式在商业模式中被广泛运用。例如，银行常用无监督学习将客户进行聚类，以便更好地了解顾客群并进行定制化服务。一类顾客群为在近期有房屋抵押贷款需求的年轻夫妇，另一类顾客群为中产阶级，家庭年收入为 250 000 ～ 500 000 美元，这部分消费者可能对资产管理类服务更感兴趣。

在本章中我们将以海外投资者对国家投资风险等级的分类为例，简单介绍 k-均值聚类算法的运算步骤。后续还会涉及聚类分析的具体方法以及主成分分析法，该方法在监督和无监督学习中都非常行之有效。

2.1 特征缩放

在详细介绍聚类算法之前，我们必须先讨论**特征缩放**（feature scaling），它也被称为数据**标准化**（normalization or standardization）。特征缩放是机器学习算法必须要做的第一步，包括 k- 均值（k-means）。特征缩放的目的是确保每个特征在算法中都被给予同样的重视。假设我们将男性按照以下两项特征进行聚类：身高（英尺）和体重（磅[⊖]），身高的范围为 $60 \sim 80$ 英尺，体重的范围为 $100 \sim 350$ 磅；如果不进行特征缩放的话，这两项特征将无法以相同的重要性被代入运算，因为身高的范围远远小于体重（20 英尺和 250 磅）。

特征缩放的方法之一是计算特征的均值和标准差，将每个特征取值减去均值再除以标准差。设 V 为某个样本的特征取值：

$$缩放的特征取值 = \frac{V - \mu}{\sigma} \qquad (2\text{-}1)$$

在式（2-1）中，μ 为该特征取值的所有样本的均值，σ 为该特征取值的所有样本的标准差，该计算方法有时候又被称为 ***Z*** **评分标准化**（Z-score normalization）。被缩放的特征取值均值为 0，标准差为 1。如果我们需要在聚类模型中使某一项特征的权重高于其他特征，则需要将这一项特征的标准差设置为大于 1。

另一种特征缩放的方法是用该特征的取值减去其最小值，再除以最大值与最小值之差，此方法被称作**极值缩放**（min-

⊖ 1 磅 =0.453 6 千克。——译者注

max scaling），被缩放后所得的数据都介于 0 到 1 之间。

$$缩放的特征取值 = \frac{V - 最小值}{最大值 - 最小值} \qquad （2-2）$$

　　Z 评分标准化常常被更广泛地运用，其原因在于该方法可更小程度地避免极端值造成的影响，而极值缩放则适合于特征值被限定在一定范围内来收集的数据。在本章后续介绍 k- 均值算法时，我们将假设特征取值已经用上述两种方法之一进行过缩放处理。

2.2　k-均值算法

　　将观测值进行聚类分析时，我们需要进行距离衡量。首先假设有两个特征取值 x 和 y，将两个特征的散点分布图显示在二维坐标图上。假设其中有两个观测值 A 和 B，如图 2-1 所示，则两点之间的距离计算为欧氏距离（Euclidean distance），即图中直线 AB 的长度。假设对于观测值 A，$x = x_A$ 且 $y = y_A$，同样对于观测值 B，$x = x_B$ 且 $y = y_B$，则 A 与 B 两点间的欧式距离为（利用毕达哥拉斯定理，即勾股定理）：

$$\sqrt{(x_A - x_B)^2 + (y_A - y_B)^2} \qquad （2-3）$$

　　该距离的计算方法可以被延伸到更多的维度上。假设我们的一组观测值中有 m 个特征，对于第 i 个观测值的第 j 列特征，我们称之为 v_{ij}，则第 p 个观测值与第 q 个观测值之间的距离为：

$$\sqrt{\sum_{j=1}^{m}(v_{pj} - v_{qj})^2} \qquad （2-4）$$

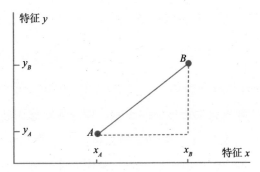

图 2-1 A 与 B 之间的距离，通过 (x_A, y_A) 和 (x_B, y_B) 两点坐标，计算出直线 AB 的长度

将两个特征扩展到三个很容易理解，即通过衡量三个而不是两个维度去计算距离；如果假设需要衡量的距离超过三个 ($m>3$) 就变得不那么容易了，但公式依然是由一个、两个、三个维度延展而来的。

另外一个在 k-均值算法中需要了解的定义是一个聚类的**中心**（center），又被称为聚类的**矩心**（centroid）。假设一部分观测值被归为同个聚类，则中心为这个聚类中每个特征的所有观测值的平均数；如表 2-1 所示，假设某个聚类中有 4 个特征和 5 个观测值，则这个聚类的中心 0.914、0.990、0.316 和 0.330 依次为特征 1、2、3、4 的中心（例如，0.914 为 1.00、0.80、0.82、1.10 和 0.85 的平均数）。所以，每个观测值与聚类中心之间的距离（表 2-1 的最后一列）的计算方式与 A 和 B 点的距离（见图 2-1）的计算方式一致。第一个观测值与聚类中心的距离计算如下：

$$\sqrt{(1.00-0.914)^2+(1.00-0.990)^2+(0.40-0.316)^2+(0.25-0.330)^2}$$

计算结果等于 0.145。

表 2-1　5 个观测值和 4 个特征的聚类中心计算

观测值	特征 1	特征 2	特征 3	特征 4	每个观测值与聚类中心的距离
1	1.00	1.00	0.40	0.25	0.145
2	0.80	1.20	0.25	0.40	0.258
3	0.82	1.05	0.35	0.50	0.206
4	1.10	0.80	0.21	0.23	0.303
5	0.85	0.90	0.37	0.27	0.137
中心	0.914	0.990	0.316	0.330	

图 2-2 阐述了 k- 均值算法是如何运行的。第一步是要选择 k，即聚类的个数（后续将更详细地讲解）。作为第一步，我们通常随机选择 k 个点作为每个子聚类的中心。每个观测值与每个子聚类中心的距离由上面介绍的方法计算而得，然后观测值被分配到最近的一个聚类中。这样就产生了由所有样本第一次分割而成的 k 个聚类。然后，我们为每个聚类计算新的子聚类中心，如图 2-2 所示。每个观测值与这个新的中心的距离可以被计算出来，然后按照距离大小重新将每个观测值分配到最邻近的聚类中心。依此类推，我们不停地迭代产生新的中心，直到子聚类的分配不再产生变化为止。

一种衡量上述算法效果的指标为聚类内的平方和，也就是"**惯性矩**"（inertia），设 d_i 为第 i 个观测值与其子聚类中心的距离：

$$惯性矩 = 子聚类内平方和 = \sum_{i=1}^{n} d_i^2 \qquad (2\text{-}5)$$

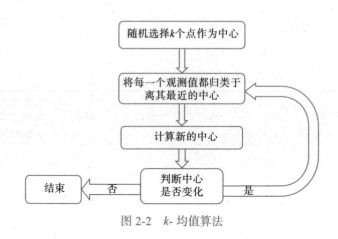

图 2-2　k-均值算法

式中，n 为观测值的数量，在已设置 k 值的条件下，聚类算法的目的是使惯性矩最小化。在 k-均值算法中，最终的结果可能会受初始设置子聚类个数的影响（k 值），所以我们必须尝试设置不同的个数，以确保惯性矩最小化，即聚类的最优结果。

在通常情况下，惯性矩随着 k 值上升而下降，当 k 值数量达到极限，即 k 值等于观测值的数量时，每个观测值都有一个聚类，此时惯性矩为零。

2.3　设置 k 值

在一些情况下，k 值的设置取决于聚类的目的。例如，一家公司计划生产小号、中号、大号和加大号男士毛衣，该公司前期在随机抽样的男士中收集了一系列相关数据（臂长、肩宽、胸围等），然后将这些数据分为 4 个子聚类用以帮助产品的设计。在另外一些情况下，我们并不确定 k 值的个数，只是希望通过算法在类似的观测值中找到最优的聚类方式。

肘部法（elbow method）在决定子聚类个数时被广泛应用。通过 k-均值算法我们可以尝试多个不同的 k 值（例如 k 值取值范围为 1～10），每个 k 值所得惯性矩分布如图 2-3 所示，图中线条的斜率向我们展示了随着子聚类个数的增加惯性矩值下降的趋势。在这个例子中，当我们将子聚类的个数由一个增加到 2 个、3 个、4 个时，惯性矩的下降是非常明显的，但从第 4 个再往后增加，惯性矩的下降趋势变弱，所以我们可以将 k 值为 4 作为最佳值。

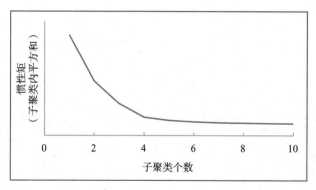

图 2-3　肘部法的应用，子聚类个数的增加与惯性矩的变化趋势

除了惯性矩，我们需要讨论的另外一个问题是如何区分子聚类。如果两个子聚类距离很近，则我们需要考虑是否有必要将两个子聚类分开。因此，数据分析师通常会检测子聚类之间的距离，对于各子聚类中心非常接近的情况，将子聚类个数从 k 增加到 $k+1$，这个改变是没有太大必要的。

另外一种更加客观的、决定子聚类个数的方法是轮廓法（silhouette method）。同样，假设我们有一系列可选用的 k 值能够被代入 k- 均值算法中：对应每个 k 值，我们计算每个子聚类中观测值 i 与内部其他观测值之间的距离的平均数，设该平均距离为 a (i)；同时，我们计算该观测值 i 与外部其他子聚类中观测值之间的平均距离，设所有子聚类的平均距离最小值为 b (i)。我们的目标是 b (i) 始终大于 a (i)，否则观测值 i 不应当被归于目前所在的子聚类中。轮廓法是用来衡量 b (i) 是否始终大于 a (i) 的方法：[⊖]

$$s(i) = \frac{b(i) - a(i)}{\max[a(i),\ b(i)]} \tag{2-6}$$

在上述公式中，$s(i)$ 的取值在 -1 和 $+1$ 之间（正如前面提到的，当观测值被正确分配时，$s(i)$ 应为正数）。当取值越接近 $+1$ 时，说明该观测值越应该属于目前所在的子聚类。同个子聚类中所有观测值的 $s(i)$ 平均数可以用来衡量该子聚类中观测值的紧密度，而所有子聚类的 $s(i)$ 的平均数则可以作为评价聚类的效果指标，我们称该指标为**平均轮廓系数**（average silhouette score）。例如，一组具体数字的平均轮廓系数分别为：0.70、0.53、0.65、0.52 和 0.45，分别对应 $k=2$、3、4、5、6，则结论如下：$k=2$ 和 4 时聚类效果好于 $k=3$、5、6。

另外还有一种决定 k 值的方式，是由 Tibshirani 等人于 2001 年提出的**间隔统计量**（gap statistic）。[⊖] 在这种情况下，将子聚类内平方和与随机生成观测值的原假设下所产生的期望

⊖　See L. Kaufman and P. Rousseeuw, *Finding Groups in Data*: *An Introduction to Cluster Analysis*, Wiley 1990.

⊖　See R. Tibshirani, G.Walther, and T. Hastie (2001), " Estimating the Number of Clusters in a Data Set via the Gap Statistic," *Journal of the Royal Statistical Society*, B, 63, Part 2:411-423.

的值进行比较，我们创建 N 组随机观测值，针对每个 k 值，我们将观测值进行聚类，计算每个子聚类的惯性矩（N=500 通常足够）。定义如下：

m_k：当有 k 个子聚类时，随机数据组的惯性矩的均值；

s_k：当有 k 个子聚类时，随机数据组的惯性矩的标准差；

w_k：当有 k 个子聚类时，观测数据的惯性矩。

我们设定：

$$Gap(k) = m_k - w_k \qquad (2-7)$$

上述公式计算出的是随机数据组惯性矩与观测数据惯性矩之差，有人认为，最优 k 值是保证 $Gap_k - Gap_{k+1} \leqslant s_{k+1}$ 成立的最小整数。

2.4　维度灾难

随着特征个数的增加，k-均值算法将受"**维度灾难**"（curse of dimensionality）的影响，即观测值之间的距离将随之逐渐增大。试想，所有特征取值为 1.0 的观测值与所有特征取值为 0.0 的观测值之间的欧式距离：当只有 1 个特征时，距离为 1.0；当有 2 个特征时，距离为 $\sqrt{2}$ 或者 1.4；当有 3 个特征时，距离为 $\sqrt{3}$ 或 1.7；当有 100 个特征时，距离为 10；当有 1 000 个特征时，距离为 31.6。其中一个结论是，我们无法将拥有较少特征的聚类惯性矩与拥有大量特征的聚类惯性矩进行比较。

另外一个问题是，当特征的个数增加时，我们计算出的距离无法很好地用以衡量观测值之间的距离是近还是远。因此 k-

均值算法的结果在这种情况下并不理想。不少运用此算法的用户开始寻找替代欧式距离的方法来进行评估：当观测值 x 特征 j 的取值被记为 x_j，另一个观测值 y 特征 j 的取值被记为 y_j 时，观测值之间的欧式距离为：

$$\sqrt{\sum_{j=1}^{m}(x_j - y_j)^2} \qquad (2\text{-}8)$$

一个替代公式为：

$$1 - \frac{\sum_{j=1}^{m} x_j y_j}{\sqrt{\sum_{j=1}^{m} x_j^2 \sum_{j=1}^{m} y_j^2}} \qquad (2\text{-}9)$$

该式的取值始终介于 0 到 2 之间。

2.5　国家风险

现在我们来考虑一个外国投资者对国家风险的理解问题。我们可以考虑的特征如下：

- GDP 增长率（数据来源于国际货币基金组织）；
- 清廉指数（数据来源于透明国际）；
- 和平指数（数据来源于经济与和平研究所）；
- 法律风险指数（数据来源于产权协会）。

对于所有的 122 个国家和地区的特征数据与分析可参考 www-2.rotman.utoronto.ca/~hull 上的相关内容。表 2-2 为一部分数据摘录，该表还体现了特征缩放的重要性（参考第 2.1 节）。GDP 增长率为量级小于 10% 的正负数，清廉指数的取值范围为 0（高度腐败）～ 100（无腐败），和平指数的取值范围为 1（非常和平)～ 5(不和平)，法律风险指数的取值范围为 0 ～ 10(数字越高越有利)。表 2-3 为表 2-2 经过 Z 评分标准化方法进行数据缩放的结果，通过表中数据可以看到澳大利亚的 GDP 增长率略高于平均数，其清廉指数的标准差为 1.71 且高于平均数，和平指数的标准差为 1.20 且低于平均数(但和平指数是好的)，法律风险指数的标准差为 1.78 且高于平均数。

表 2-2　国际投资风险评估，国家聚类分析数据表部分数据(完整数据请参考 csv 文件)

国家	GDP 增长率(% 每年)	清廉指数	和平指数	法律风险指数
阿尔巴尼亚	3.403	39	1.867	3.822
阿尔及利亚	4.202	34	2.213	4.160
阿根廷	-2.298	36	1.957	4.568
亚美尼亚	0.208	33	2.218	4.126
澳大利亚	2.471	79	1.465	8.244
奥地利	1.482	75	1.278	8.012
阿塞拜疆	-3.772	30	2.450	3.946

表 2-3　表 2-2 的数据经过 Z 评分标准化进行缩放

国家	GDP 增长率(% 每年)	清廉指数	和平指数	法律风险指数
阿尔巴尼亚	0.32	-0.38	-0.31	-1.20
阿尔及利亚	0.56	-0.64	0.47	-0.97
阿根廷	-1.44	-0.54	-0.10	-0.69
亚美尼亚	-0.67	-0.69	0.48	-0.99
澳大利亚	0.03	1.71	-1.20	1.78
奥地利	-0.27	1.50	-1.62	1.62
阿塞拜疆	-1.90	-0.85	1.00	-1.11

　　当数据缩放之后，由于当前我们只有 4 个特征变量，从而可以通过散点图来验证特征之间的相互关系。从图 2-4 中可以看出清廉指数和法律风险指数存在高相关性（并不意外，在法律系统不健全的国家腐败现象更加普遍）。因此我们需要删除清廉指数，因为它与法律风险指数存在高度重合的特征。在进行上述处理之后，我们将从 3 个维度来分析数据，这 3 个维度分别为：GDP 增长率、和平指数和法律风险指数。

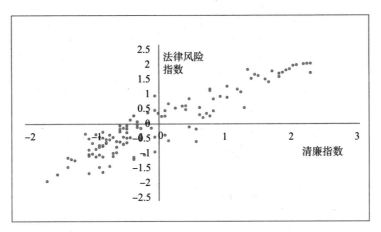

图 2-4　法律风险指数与清廉指数分布散点图（详细数据请参考 Excel 文件）

　　图 2-5 展示了惯性矩是如何随着 k 值的增大而变化的。如之前解释的，我们可以通过这张图应用肘部法来判断子聚类的数量，即随着 k 值的数量增加，惯性矩没有明显下降的点。图 2-5 的肘部点没有图 2-3 中的那样明显，但是仍然可以看出当 k 值从 1 到 2，再从 2 到 3 变化时，其惯性矩的变化程度大

于 k 值从 3 到 4 时的变化程度。

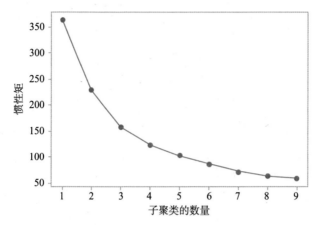

图 2-5 国家投资风险评估案例：惯性矩变化趋势图（Python
输出结果）

表 2-4 为通过轮廓法所得出的结果，可以看出当子聚类的
个数为 3 时，其平均轮廓系数最优。因此就目前使用的数据
集来说，肘部法和轮廓法所得出的结论一致：最优子聚类的个
数为 3。[⊖]

表 2-4 国家投资风险评估案例：平均轮廓系数与子聚类
的数量趋势图（Python 输出结果）

子聚类的数量	平均轮廓系数
2	0.363
3	0.388
4	0.370
5	0.309

⊖ 肘部法则和轮廓分析法的结果不一定总是一致。

（续）

子聚类的数量	平均轮廓系数
6	0.303
7	0.315
8	0.321
9	0.292
10	0.305

表 2-5 ～表 2-7 展示了当子聚类个数为 3 时国家和地区的聚类分布情况，表 2-8 展示了特征缩放后子聚类的中心。由此我们可以得出部分结论，例如高风险国家和地区在 3 个特征上都比均值高出 1 个标准差（和平指数越高表示越危险）。

表 2-5　高风险国家和地区（Python 输出结果）

阿根廷	黎巴嫩
阿塞拜疆	尼日利亚
巴西	俄罗斯
布隆迪	特立巴达和多巴哥
乍得	乌克兰
刚果民主共和国	委内瑞拉
厄瓜多尔	也门

表 2-6　中等风险国家和地区（Python 输出结果）

阿尔巴尼亚	玻利维亚
阿尔及利亚	波斯尼亚和黑塞哥维那
亚美尼亚	保加利亚
巴林	喀麦隆
孟加拉国	哥伦比亚
贝宁	克罗地亚

（续）

塞浦路斯	黑山共和国
多米尼加共和国	摩洛哥
埃及	莫桑比克
萨尔瓦多	尼泊尔
埃塞俄比亚	尼加拉瓜
加蓬	阿曼
格鲁吉亚	巴基斯坦
加纳	巴拿马
希腊	巴拉圭
危地马拉	秘鲁
洪都拉斯	菲律宾
印度	罗马尼亚
印度尼西亚	卢旺达
伊朗	沙特阿拉伯
以色列	塞内加尔
牙买加	塞尔维亚
约旦	塞拉利昂
哈萨克斯坦	南非
肯尼亚	斯里兰卡
科威特	坦桑尼亚
拉脱维亚	泰国
利比里亚	北马其顿
马达加斯加	突尼斯
马拉维	土耳其
马里	乌干达
毛里塔尼亚	越南
墨西哥	赞比亚
摩尔多瓦	津巴布韦

表 2-7　低风险国家和地区（Python 输出结果）

澳大利亚	马来西亚
奥地利	毛里求斯
比利时	荷兰
博茨瓦纳	新西兰
加拿大	挪威
智利	波兰
哥斯达黎加	葡萄牙
捷克共和国	卡塔尔
丹麦	新加坡
爱沙尼亚	斯洛伐克
芬兰	斯洛文尼亚
法国	西班牙
德国	瑞典
匈牙利	瑞士
冰岛	中国台湾
爱尔兰	阿拉伯联合酋长国
意大利	英国
日本	美国
韩国	乌拉圭
立陶宛	

表 2-8　特征缩放（均值为 0，标准差为 1）后的子聚类中心（Python 输出结果）

	和平指数	法律风险指数	GDP 增长率（%）
高风险	1.39	−1.04	−1.79
中等风险	0.27	−0.45	0.36
低风险	−0.97	1.17	0.00

2.6　其他聚类方法

k- 均值算法是最受欢迎的聚类分析方法，但是还有其他替换的方法可用，其中一种被称为凝聚层次聚类（agglomerative hierarchical clustering），该方法涉及以下几个步骤：

- 将每个观测值设为一个子聚类；
- 合并距离最近的两个聚类；
- 重复第二步直到所有观测值被合并为一个聚类。

这种方法的优势在于所有聚类按照层次组合，因此我们可以观察到子聚类中的子聚类。当我们定下一个具体的 *k* 值时，这种层次结构可以直接将所有观测值分出从 1 到 *k* 个子聚类。而这种方法的劣势则在于当观测值数量级过大时，这么做会非常花费时间。

有一系列不同的方法可以对第二步中 *A* 和 *B* 两个聚类的接近程度进行测量。第一种方法是分别计算 *A* 聚类和 *B* 聚类中观测值的平均欧式距离。或者，我们可以利用欧式距离的最小值或者最大值。另一种方法（离差平方和法的一种）是计算当两个子聚类合并后惯性矩的增加值。无论选择哪一种方法，第二步的目的都是寻找两个距离最近的聚类并对其进行合并。

有时候聚类可以通过统计学分布来完成，这种方法被称为基于分布的聚类（distribution-based clustering）。举个简单的例子：假设只有一个特征，观测值的概率分布如图 2-6 所示，我们可以从图中观测到观测值的分布为两个正态分布的组合。其定义为，一个观测值分布于均值和标准差为某个值的正态分布上的概率为 p，而分布于另一个均值和标准差不同的正态分布上的概率为 $1-p$。统计工具可以将两个分布区分开，因此形成了两个聚类。同样的方法也适用于多个特征和多个分布中。

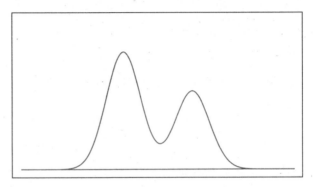

图 2-6　一个特征取值的可分离正态分布聚类的概率分布图

基于密度的聚类（density-based clustering）根据单个观测值的接近程度来形成聚类。我们假设最初将 8 个观测值归为一个聚类，观测值之间距离较近，然后在这个聚类中增加一个新的观测值，且新增观测值与子聚类内至少 5 个观测值接近，从而形成新聚类；然后再增加一个观测值，且新增观测值与新聚类中至少 5 个观测值接近，依此类推。该方法所得出的聚类形状与 k- 均值算法所得出的聚类形状差异较大。图 2-7 展示了两个例子。k- 均值算法不会得出这样的结论，因为其算法考虑的是子聚类的中心位置。图 2-7a 中展示的两个子聚类拥有同一个中心点，而 k- 均值却不会得到这样的结果；在图 2-7b 中，k-均值算法可能会得出与之相似的聚类，但外表形状并不明显。

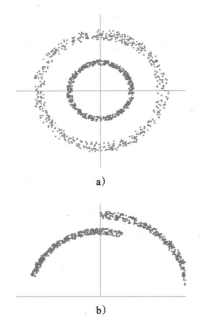

a)

b)

图 2-7 基于密度的聚类算法结果图

2.7 主成分分析

另一种聚类方法是，可以通过主成分分析（principal component analysis，PCA）来了解数据结构。[⊖]这种方法将数据的 m 个特征转化为 m 个变量，作为因子或者主成分，因此：

- 任何特征观测值都是因子的一个线性组合；
- m 个因子之间互不相关。

⊖ 卡尔·皮尔逊（Karl Pearson）早在 1901 年便提出了 PCA：K. Pearson (1901)，"On Lines and Planes of Closet Fit to System on Points in Space," *Philosophical Magazine*, 2(11): 559-572。

PCA 在正态分布的数据中效果最佳。第一个因子在最大程度上包含数据的变异性，其他随后的因子在与前面因子不相关的前提下，尽可能反映剩余的变异性。特定因子的数量被称为该特定观测值的因子得分（factor score）。

PCA 常用于利率变化的案例中（例如一个数据科学家通过 PCA 研究利率变化对消费者行为的影响）。表 2-9 展示了前 3 个因子，它们通过主成分分析获得，主成分分析使用了 12 年的每日利率变化数据，结合 1、2、3、4、5、7、10 和 30 年偿还期限。[○]表中每列的数字为因子载荷（factor loadings），其平方和为 1。在第一个因子（principal component one，PC1）中所有利率的变化方向是一致的。如果我们将此因子增加 10 个基点，则 1 年期利率增加 2.16 个基点（或者增加 0.021 6%），2 年期利率则增加 3.31 个基点，依此类推。如果我们将 PC1 降低 20 个基点，则 1 年期利率下降 4.32 个基点，2 年期利率下降 6.62 个基点，依此类推。

表 2-9　因子载荷反映了利率变化的主成分

到期期限（年）	PC1	PC2	PC3
1	0.216	−0.501	0.627
2	0.331	−0.429	0.129
3	0.372	−0.267	−0.157
4	0.392	−0.110	−0.256
5	0.404	0.019	−0.355

○ 约翰·赫尔. 期权、期货及其他衍生产品（原书第 10 版）[M]. 王勇，索吾林，译. 北京：机械工业出版社，2018：400. 数据见 www-2.rotman.utoronto.ca/~hull/ofod 上的主成分分析表。

（续）

到期期限（年）	PC1	PC2	PC3
7	0.394	0.194	−0.195
10	0.376	0.371	0.068
30	0.305	0.554	0.575

PC2 与 PC1 不同，其前 4 个利率变化方向一致而后 4 个利率变化方向相反，这说明了一个随着斜率变化而反转的利率变化结构。在 PC3 中短期和长期的变化方向一致，而中期则向相反的方向变化。

因子的重要性测量标准为所有观测值的因子得分的标准差。表 2-10 展示了在利率案例中前 3 个因子的因子得分标准差，在这个例子中 8 个因子得分的方差为 338.8[⊖]，因此对第一个（最重要的）因子而言，其解释整体方差的比例为：

$$\frac{17.55^2}{338.8} \approx 90\%$$

对前两个因子而言，其解释整体方差的比例为：

$$\frac{17.55^2 + 4.77^2}{338.8} \approx 97\%$$

表 2-10　利率因子得分的标准差

PC1	PC2	PC3
17.55	4.77	2.08

这说明了将 8 个特征定义为两个变量（PC1 和 PC2）可以解释绝大部分数据的变异性，这正是 PCA 法的目的——尝试

⊖　原书为 388.8，疑有误，更正于此。——译者注

用少量的变量来概括数据的结构。

　　我们用第 2.5 节提到的国家风险评估来作为另一个 PCA 的例子。数据的因子和因子得分被展示在表 2-11 和表 2-12 中，这揭示了数据的一些有趣特征：第一个因子解释了 64% 的变异性，且清廉指数、和平指数和法律风险指数比重相近（记住，低的和平指数是好的）。第二个因子包含了另外 24% 的数据变异性，在 GDP 增长率特征上的比重最高，可以看出 GDP 增长率提供了与其他 3 个特征非常不同的信息（在表 2-11 的解释中，我们可以在不改变模型的情况下，改变同一列中所有因子载荷的符号，这是因为在一个观测值中的一个因子的单位量可以为正也可以为负。举例来说，我们不应该曲解在 PC2 中 GDP 增长率的因子载荷值为负数，因此可以修改 PC2 中所有因子的符号而无须改变模型）。

表 2-11　国家风险评估数据的主成分因子载荷值（具体数据请参考 Excel PCA 文件）

	PC1	PC2	PC3	PC4
清廉指数	0.594	0.154	−0.292	−0.733
和平指数	−0.530	0.041	−0.842	−0.086
法律风险指数	0.585	0.136	−0.431	0.674
GDP 增长率	0.152	−0.978	−0.141	−0.026

表 2-12　国家风险评估数据的因子得分标准差（具体数据请参考 Excel PCA 文件）

PC1	PC2	PC3	PC4
1.600	0.988	0.625	0.270

第三个因子包括了数据 10% 的变异性，其中和平指数比重较高，表明该指数提供了相较清廉指数和法律风险指数而言的额外信息。第四个因子重要性较低，包括了 2% 的变异性。PCA 验证了图 2-4 的结论：清廉指数和法律风险指数提供了类似的信息。

PCA 有时也用于监督学习，通过该方法，我们用较少的主成分来替代一系列冗长的特征，这些加工过的特征被选来解释预测中数据的绝大部分变异性，并且它们有着不相关的良好特性。

最后需要提醒的是，当使用聚类分析或 PCA 方法时，我们并不试图预测任何值，仅仅是了解数据的结构。在我们的例子中，这些特征并不保证能预测国家风险情况（例如，我们不会尝试将这些特征用于研究不同国家投资者的损失，这与我们在监督学习中的做法很不同）。

小　结

无监督学习的核心是理解数据的变化规律。聚类是一种很典型的应用。企业用无监督学习来理解不同类型的消费者，从而更有效地与消费者进行沟通。

特征缩放通常是聚类分析的先决条件，如果没有特征缩放，特征对聚类分析的影响将取决于其数值规模。有两种方法可以进行特征缩放：一种是 Z 评分标准化，在这种方法中均值为 0，标准差为 1；另一种是极值缩放，所有特征取值在 0 到

1 之间。

聚类算法需要衡量观测值之间的距离。运用最广泛的衡量方式为欧式距离，即为观测值之间的距离平方和。聚类的中心由各观测值之间的特征取值的平均数得出。最受欢迎的聚类算法为 k- 均值算法，在 k 值一定时对惯性矩进行最小化，这里的惯性矩为聚类内观测值到该子聚类中心之间距离平方的总和。

选择最佳的 k 值往往不是那么容易的。第一种方法是通过肘部法，不断增加 k 值，直到惯性矩的变化率相对下降；第二种方法是通过轮廓法，比较两个同一子聚类中的观测值之间的距离与另外一个最靠近的子聚类的平均距离；第三种方法是计算间隔统计量，即将已被聚类完毕的观测值和随机产生的观测值做比较。

当特征的数据量增加时，欧式距离增加，这样会导致维度灾难，并且会增加 k- 均值算法的难度。在这种情况下，比较理想的做法是改变距离衡量方法，使得当特征增加时距离维持在某一个范围内。

有一系列的方法可以代替 k- 均值算法。其中一个是凝聚层次聚类，从每一个观测值为一个子聚类开始，然后我们通过合并距离最近的子聚类，逐渐减少子聚类的个数；基于分布的聚类方法则是假设一组数据的分布为几个正态分布（或其他分布）方式的混合，然后测算这些分布的参数。基于密度的聚类方法的核心则是寻找数据密集的区域，而无须涉及其聚类中心。

主成分分析是机器学习的重要方法之一。它涉及将大量的特征通过其中少量特征来捕捉大部分的变异性。这些加工后的特征之间无相关性。

练习题

1. 为什么在无监督学习中特征缩放如此重要? 请列举出两种特征缩放方法, 这两种方法的优势和劣势分别是什么?

2. 假设有 3 个特征: A、B 和 C, 一个观测值对应 3 个特征的取值为 2、3 和 4, 另一个观测值对应 3 个特征的取值为 6、8 和 7, 请问这两个观测值的距离是多少?

3. 上题中的两个观测值的聚类中心是什么?

4. 请介绍 k- 均值算法的主要步骤。

5. 请分别介绍肘部法和轮廓法是如何决定 k 的取值的。

6. 为什么随着特征的数量增多, 观测值之间的距离会增加? 假设你从 10 个特征开始, 然后由于失误添加了与之前 10 个特征一致的另外 10 个特征, 这样做对两个观测值之间的距离会有什么影响?

7. 凝聚层次聚类法是如何运行的? 该方法与 k- 均值算法相比, 优势和劣势分别有哪些?

8. 请介绍基于分布的聚类和基于密度的聚类。

9. 主成分分析法在哪些条件下最利于理解数据?

10. 请介绍因子载荷和因子得分。

作业题

1. 请通过 www-2.rotman.utoronto.ca/~hull 上的数据来计算在

缩放之前 14 个高风险国家的子聚类中心 (见表 2-5), 然后对聚类中心进行缩放, 检验你的答案是否和表 2-8 一致。

2. 运用两个因子的主成分分析的结果来判断国家风险。分别运用缩放和未缩放的数据进行分析。

3. Python 练习题: Python 脚本可以在 www-2.rotman.utoronto.ca/~hull 中找到。

(a) 运用 k- 均值算法进行计算, 当 k=3、特征数量为 4 时 (清廉指数、和平指数、法律风险指数和 GDP 增长率), 找出高风险聚类的国家, 并与当特征数量为 3 时的结果进行比较 (结果见表 2-5)。

(b) 运用凝聚层次聚类法来归类出三个子聚类, 特征为和平指数、法律风险指数及 GDP 增长率。比较其与 k- 均值算法所得出的结论 (结论见表 2-5)。Python 包、AgglomerativeClustering 用于凝聚层次聚类法, 可以通过 sklearn.cluter 进行导入。请尝试用不同的方法来判断最近距离点 (可参考 Python 包中的 "linkage")。

第 3 章

监督学习：线性回归

统计学家使用线性回归的方法已经有很多年的历史了。德国著名数学家高斯（Gauss）在 1800 年首先提出了最小二乘法理论，奠定了线性回归的基础。在机器学习过程中，我们不需要假设线性关系（在本书中，我们将介绍的很多方法都会利用非线性模型）。但是，线性回归依然是机器学习中很重要的一种方法论，它常常是监督学习分析最先采用的方法之一。

当模型目标值可以被一个或多个特征预测时，一般线性回归的核心是对均方误差（mean square error，MSE）的最小化，对于这一点很多读者都非常熟悉。在本章中，我们将介绍如何将分类型特征（非数值型特征）加入线性回归模型来进行预测分析。然后，我们将分别讨论岭回归、套索回归和弹性网络回归如何在特征数目较多时进行预测分析。最后，我们将介绍逻辑回归，这是一种旨在对于数据进行分类的方法。

3.1　线性回归：单特征

我们从一个简单的例子开始：目标值 Y 将通过一个特征 X 来进行预测。在线性回归模型中，我们假设存在以下关系：

$$Y = a + bX + \varepsilon$$

式中，a 和 b 为常数，ε 为误差项。设 X_i 和 Y_i（$1 \leqslant i \leqslant n$）为 X 和 Y 在训练集中的某个观测值。a 和 b 作为训练集中最小化均方误差的系数，因此我们可以选择 a 和 b，使：

$$\frac{1}{n}\sum_{i=1}^{n}(Y_i - a - bX_i)^2$$

最小化，[⊖]可以用微积分方法来计算最小值。假设 X 和 Y 中所有观测值的平均数为 $\bar{X}$ 和 $\bar{Y}$：

$$b = \frac{\sum_{i=1}^{n}X_iY_i - n\bar{X}\bar{Y}}{\sum_{i=1}^{n}X_i^2 - n\bar{X}^2}$$

$$a = \bar{Y} - b\bar{X}$$

举一个关于线性回归的简单例子：考虑在第 1 章的图 1-5 中所提到的只有一个特征的线性模型，观测值数据为表 1-1 中的数据，我们将在表 3-1 中重新展示一次。在这里，$n = 10$，$\bar{X} = 43$，$\bar{Y} = 216\,500$，同时：

$$\sum_{i=1}^{10}X_iY_i = 100\,385\,000$$

$$\sum_{i=1}^{10}X_i^2 = 20\,454$$

⊖　等同于最小化误差的平方和，对于任何给定的数据集，n 为一个常数，代表样本数。

所以：

$$b = \frac{100\,385\,000 - 10 \times 43 \times 216\,500}{20\,454 - 10 \times 43^2} = 3\,827.3$$

$$a = 216\,500 - 3\,827.3 \times 43 = 51\,160.4$$

综上，模型为：

$$Y = 51\,160.4 + 3\,827.3X$$

存在系数 a 为零的情况，在这种情况下：

$$b = \frac{\sum_{i=1}^{n} X_i Y_i}{\sum_{i=1}^{n} X_i^2}$$

（我们使用线性回归作为一个例子，但正如第 1 章提到的，我们发现对于表 3-1 中的数据而言，线性回归并不是最好的模型。）

表 3-1 训练数据集：某地区从事某一特定职业的 10 个随机抽样工资数据

年龄（岁）	工资（美元）
25	135 000
55	260 000
27	105 000
35	220 000
60	240 000
65	265 000
45	270 000
40	300 000
50	265 000
30	105 000

3.2　线性回归：多特征

当有超过一个特征用于预测目标值时，我们将公式写为：

$$Y = a + b_1 X_1 + b_2 X_2 + \cdots + b_m X_m + \varepsilon \qquad (3\text{-}1)$$

Y 为目标值，X_j（$1 \leqslant j \leqslant m$）为特征的取值，用于预测 Y。与之前一致，ε 为预测误差项。系数 a 和 b_j（$1 \leqslant j \leqslant m$）的取值为最小化均方误差的结果，用公式表述如下：

$$\frac{1}{n} \sum_{i=1}^{n} (Y_i - a - b_1 X_{i1} - b_2 X_{i2} - \cdots - b_m X_{im})^2 \qquad (3\text{-}2)$$

式中，Y_i 和 X_{ij} 分别对应第 i 个目标值和第 j 个特征所对应的第 i 个观测值。在机器学习中，系数 a 又被称为偏置（bias），系数 b_j 又被称为权重（weights）。在单一特征中，微积分可以用来判断最小值的条件，而在多特征中，将由一系列的公式来决定 a 和 b_j，这些公式将作为代数矩阵模型来运用。

当面对大量的特征时，用矩阵公式来计算非常费时间，此时梯度下降算法（gradient descent algorithm）更加实用。这是一种迭代学习的方法，用以解决最小值问题。试想将式（3-2）转化为由 a 和 b_j（$1 \leqslant j \leqslant m$）组成的公式且有 $m + 1$ 个维度。我们可以把这个公式想象为一个山谷，我们的任务是找到这个山谷的底部。无论在山谷的哪个地方，我们都可以运用微积分来选择哪一条是下到谷底最陡的路径（每个 a 和 b_j 应该朝着其下降速度最快的方向而调整）。梯度下降算法可以分为以下几步：

- 选择 a 和 b_j 的初始值；

- 计算最陡的下降路径；
- 在前述的最陡下降路径上继续下降一步；
- 再次计算最陡的下降路径；
- 再下降一步；
- 依此类推。

我们将在第 6 章中更详细地介绍这一方法论。

第 1 章使用表 3-1 中的数据进行了多项式回归。下面的公式展示的是当仅有一个特征 X，且将 X_j 设定为 X^j 时，模型为：

$$Y = a + b_1 X + b_2 X^2 + \ldots + b_m X^m$$

在第 1 章中，我们发现当 $m=5$ 时训练集的效果最好但不能被推广到测试集中。最后我们选择了二次多项式 $m=2$，因为模型拟合的效果强于线性模型，且具有通用性。

有时候特征的乘积或多项乘积会用于回归计算，例如用两个特征来预测目标项：

$$Y = a + b_1 X_1 + b_2 X_1^2 + b_3 X_2 + b_4 X_2^2 + b_5 X_1 X_2$$

线性回归需要用到一系列统计学参数。R^2（拟合优度）统计量取值在 0 到 1 之间，用于衡量特征所能解释目标的方差比例：

$$1 - \frac{\text{误差} \varepsilon \text{的方差}}{\text{目标观测值} Y \text{的方差}}$$

当仅有一个特征时，R^2 为相关系数的平方。在表 3-1 中，线性模型的 R^2 为 0.54，当为二次多项式时，R^2 为 0.80。

由线性回归估计的 a 或 b_j 参数的 t 统计量（t-statistic）等

于该参数除以其标准误。P 值（P-value）就是与计算出的 t 统计量相对应的概率，P 值小于显著性水平 5% 表示该参数是显著的。如果式（3-1）中参数 b 的 P 值小于 5%，我们就有 95% 的信心相信特征 X_j 对 Y 有显著影响。当数据集较大时，t 统计量的临界值为 1.96（当 t 统计量大于 1.96 时意味着具有显著性，其意义等同于 P 值小于 5%）。$\ominus$

3.3　分类特征

用于预测的特征类型既可以是数值型的也可以是分类型的。如第 1 章中所述，分类型变量即将变量值按照类别进行区分。例如，产品的消费者可以分为男性和女性，美妆产品的女性消费者可以按照发色分为金色、红色、棕色和黑色。

对分类特征的标准处理方法是为每一种类型创建一个虚拟变量。如果特征属于某个类别，则变量取值 1，否则为 0。该方法被称为独热编码（one-hot encoding）。例如，当观测值被分类为男性和女性时，我们可以创建两个虚拟变量，为男性观测值的第一个虚拟变量取值为 1，第二个虚拟变量取值为 0；为女性观测值的第一个虚拟变量取值为 0，第二个虚拟变量取值 1。在上面的发色例子中，则需要 4 个虚拟变量，我们将

$\ominus$　具体请参考双侧检验（two-tailed test），即检验特征对于目标值是否具有正负显著性。P 值通常用于双侧检验中；在单侧检验中，我们总是期待这个关系具有特定的符号（正或负），同时忽略这个符号跟我们的期待正好相反的可能性。在单侧检验中，当数据足够多而且显著性水平为 5% 时，t 统计量的临界值为 1.65。

针对每个观测值所在的分类为其变量赋值为 1，其他为 0。

当特征无自然排序时，上述步骤可用，而当有自然排序时，我们可以将这点反映到数字的分配上。例如，针对尺寸有小号、中号或大号，我们将用数值型变量对其进行替换，小号 =1，中号 =2，大号 =3。类似地，如果职位等级特征被分类为分析师、经理、副总裁、执行总监和总经理，我们则需要将该特征换为数值型，即分析师 =1，经理 =2，副总裁 =3，执行总监 =4，总经理 =5。但考虑了工资和职责之后，我们可能需要重新定义一组数值：分析师 =1，经理 =2，副总裁 =4，执行总监 =7，总经理 =10。

当分类特征转换为数值型后，线性回归可以以常规的方式进行。一部分由分类变量转换为虚拟变量的特征对目标值有显著的影响，另一部分则没有。

3.4　正则化

在机器学习中常存在大量特征，一部分特征之间存在高相关性。这种情况将有可能导致过度拟合，过度拟合可以用第 1章提过的验证集来进行检验。我们可以将主成分分析法（在第 2 章中提及）作为一种可避免过度拟合的方法。这里我们将讨论另一种方法——正则化。在使用上述两种方法之前，我们在第 2.1 节中提到的特征缩放非常重要，以确保变量之间的取值有可比性。

除了处理相关特征外，正则化还可以处理一个被称为虚拟变量陷阱（dummy variable trap）的问题。当一个分类变量使用一个独热编码，并且回归中有一个常数项时，就会出现这个问题。在这种情况下，没有唯一的最优系数集，因为我们可以在每个虚拟变量的系数上加一个常数 C，然后从常数项上减去这个常数 C，而这样做不会改变目标函数的估计值或均方误差。当虚拟变量系数很小的时候，正则化会带来一个唯一的解决方案。

在后续三个小节中，我们将介绍三种正则化的方法，同时可参考表 3-1 中的数据。所有的具体计算内容，参见以下网站：www-2.rotman.utoronto.ca/~hull。

3.5 岭回归

岭回归（ridge regression）又被称为吉洪诺夫回归（Tikhonov regression），是一种正则化方法。在该方法中，我们需要对以下表达式进行最小化：[⊖]

$$\frac{1}{n}\sum_{i=1}^{n}(Y_i - a - b_1 X_{i1} - b_2 X_{i2} - \cdots - b_m X_{im})^2 + \lambda\sum_{j=1}^{m}b_j^2 \quad （3-3）$$

针对每个特征，岭回归在均方根误差之后增加 λb_j^2（请注意，我们并不添加针对偏置 a 的项）。这样一来，我们需要使

⊖ 其他等同于岭回归的公式有时候也被使用。λ 的取值取决于目标函数的设定。Python 的 Sklearn 线性回归软件包把误差平方和而不是均方误差加入到 $\lambda\sum_{j=1}^{m}b_j^2$ 中。这表示 Sklearn 中 λ 应为式（3-3）中 λ 值的 n 倍。在 Géron 的 *Hands on Machine Learning with Scikit-Learn and TensorFlow* 一书中，式（3-3）中的 $1/n$ 被替换为 $1/（2n）$，λ 的值为式（3-3）中取值的一半。

b_j 尽可能地小。假设有两个高度相关且大小相当的特征 X_1 和 X_2，假设最小化目标函数式（3-2）后所得的最优线性拟合：

$$Y = a + 1\,000X_1 - 980X_2$$

因为两个特征高度近似可替代，所以简化后的公式为：

$$Y = a + bX_1$$

或

$$Y = a + bX_2$$

当 $b \approx 20$ 时，模型拟合度较高。岭回归通过惩罚较大的正或负的系数，因此得到这样的模型。

式（3-3）中的岭回归只能通过训练集来决定模型的估计系数。由式（3-2）来估算出模型参数，其中不包含 $\lambda \sum_{j=1}^{m} b_j^2$ 项，估算出的参数就可以应用于预测，并且应该通过验证集来检验式（3-2）是否具有通用性，最后还需要将测试集运用于式（3-2），以此来判断模型的准确性。

λ 由于运用于训练模型而被看作超参数（hyperparameter），但并不作为模型的一部分用于预测 Y 值。对于 λ 取值的选择非常重要，当 λ 取值过大时，会导致 b_j 取值为 0（这样人们就对这个预测不感兴趣，因为预测值 Y 只取决于 a 的取值）。在实际运用中，比较理想的做法是尝试不同取值的 λ 并观测验证集用于模型后的拟合度。

我们可以通过代数矩阵去求解一组线性联立方程，从而使式（3-2）中提到过的标准线性回归目标函数最小化。代数矩阵同时可以用于求解岭回归目标函数。然而如果有大量特征时，更为理想的做法是用第 3.2 节中所讲到的梯度下降算法来完成。

假如拟合一个五次多项式数据（如我们在第 1 章中所做的），数据如表 3-1 所示，当使用正则化时，第一步是特征缩放。在这个例子中我们有 5 个特征，它们分别为 X、X^2、X^3、X^4 和 X^5，X 为年龄。每一个变量都需要被缩放。我们将用到 Z 评分标准化（请注意仅仅缩放 X 是不够的）。

表 3-2 展示了各项特征的均值和标准差（数据的大小强调了缩放的必要性）。表 3-3 展示了缩放之后的特征，使用被缩放之后的数据的最佳线性回归拟合结果如下（工资水平 Y 的单位以千美元计）：

$$Y = 216.5 - 32\,622.6X + 135\,402.7X^2 - 215\,493.1X^3 \\ + 155\,314.6X^4 - 42\,558.8X^5 \tag{3-4}$$

表 3-2 特征 X 为训练集中每个人的年龄

观测值	X	X^2	X^3	X^4	X^5
1	25	625	15 625	390 625	9 765 625
2	55	3 025	166 375	9 150 625	503 284 375
3	27	729	19 683	531 441	14 348 907
4	35	1 225	42 875	1 500 625	52 521 875
5	60	3 600	216 000	12 960 000	777 600 000
6	65	4 225	274 625	17 850 625	1 160 290 625
7	45	2 025	91 125	4 100 625	184 528 125
8	40	1 600	64 000	2 560 000	102 400 000
9	50	2 500	125 000	6 250 000	312 500 000
10	30	900	27 000	810 000	24 300 000
均值	43.2	2 045	104 231	5 610 457	314 153 953
标准差	14.1	1 259	89 653	5 975 341	389 179 640

表 3-3　表 3-2 中的特征缩放之后的取值

观测值	X	X^2	X^3	X^4	X^5
1	−0.290	−1.128	−0.988	0.874	−0.782
2	0.836	0.778	0.693	0.592	0.486
3	−1.148	−1.046	−0.943	−0.850	−0.770
4	−0.581	−0.652	−0.684	−0.688	−0.672
5	1.191	1.235	1.247	1.230	1.191
6	1.545	1.731	1.901	2.048	2.174
7	0.128	−0.016	−0.146	−0.253	−0.333
8	−0.227	−0.354	0.449	−0.511	−0.544
9	0.482	0.361	0.232	0.107	0.004
10	−0.936	0.910	−0.861	−0.803	−0.745

现在我们可以运用岭回归。表 3-4 罗列了不同的 λ 所对应的偏置 a 以及权重 b_j 的取值。设 $\lambda=0$ 时，将会得到如式（3-4）所示的简单回归结果。我们可以看到，从 $\lambda=0$ 到 $\lambda=0.02$，权重的取值发生了很大的变化，按照几个数量级速度减少；将 λ 从 0.02 增加到 0.1 则进一步降低了权重。图 3-1 ～图 3-3 展示了 λ 等于 0、0.02 和 0.1 时工资预测水平随着年龄变化的情况，可以看出随着 λ 的增大，模型越来越简单。$\lambda=0.02$ 时的模型与二次多项式模型（见图 1-4）非常接近，我们在第 1 章中发现该模型拟合新数据的情况很好。

表 3-4　在岭回归中不同 λ 取值对应的不同偏置和权重（工资单位为千美元，见 Excel 文件 Salary vs. Age）

λ	a	b_1	b_2	b_3	b_4	b_5
0.02	216.5	97.8	36.6	−8.5	−35.0	−44.6
0.10	216.5	56.5	28.1	3.7	−15.1	−28.4

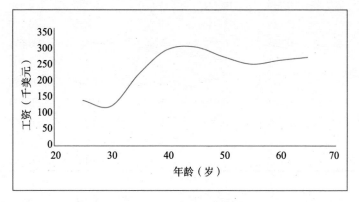

图 3-1　当 $\lambda=0$ 时预测的工资水平

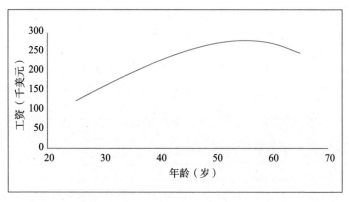

图 3-2　当 $\lambda=0.02$ 时，通过岭回归模型预测的工资水平

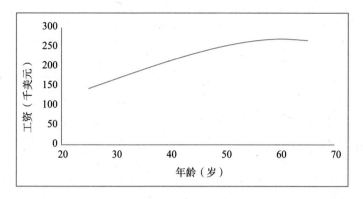

图 3-3 当 $\lambda=0.1$ 时，通过岭回归模型预测的工资水平

3.6 套索回归

套索（Lasso）是"least absolute shrinkage and selection operator"的缩写。在岭回归中，加入到需要被最小化的函数的正则项为一个常数乘以权重平方和。而在套索回归（Lasso regression）中，则是一个常数乘以权重绝对值的和，因此最小化的目标公式为：

$$\frac{1}{n}\sum_{i=1}^{n}(Y_i - a - b_1X_{i1} - b_2X_{i2} - \cdots - b_mX_{im})^2 + \lambda\sum_{j=1}^{m}|b_j| \quad （3-5）$$

而事实上，这里不能用解析解去最小化目标函数，必须用前面提到的梯度下降算法的变形来解决。⊖

我们在前面的小节中看到，在岭回归中通过减少权重来简

⊖ 目标函数的设定有很多变型的方式可供选择。在 Python Sklearn 的线性回归包中将式（3-5）中的 1/n 替换为 1/（2n)，这意味着 Sklearn 中的 λ 为式（3-5）中取值的一半。

化模型，被简化的模型拟合效果高于未经正则化的模型。套索回归同样具有简化模型的效果，实现的方式为将不重要的特征的权重取值设为 0。当特征数量过大时，套索回归可以将特征数量相对减少来建立一个预测效果好的模型。

我们将之前用过的通过年龄来预测工资水平的例子用于套索回归模型中，如表 3-5 所示，该表展示了套索回归确实将一些特征的权重设为 0。或许当 b_5、b_4 甚至 b_3 都为 0 时，模型将转化为二次多项式或三次多项式。然而实际情况却不是这样的。当 λ=0.02 时，套索回归只是将 b_3 转化为 0；当 λ=0.1 时，套索回归将 b_2 和 b_4 转化为 0；当 λ=1 时，套索回归将 b_2、b_3 和 b_5 转化为 0。

表 3-5 套索回归中随着 λ 的变化，偏置和权重的变化（工资单位为千美元，见 Excel 文件 Salary vs. Age）

λ	a	b_1	b_2	b_3	b_4	b_5
0.02	216.5	−646.4	2 046.6	0.0	−3 351.0	2 007.9
0.1	216.5	355.4	0.0	−494.8	0.0	196.5
1	216.5	147.4	0.0	0.0	−99.3	0.0

图 3-4 ～图 3-6 展示了当 λ=0.02、0.1 和 1 时分别预测的模型。它们相较于式（3-4）中的五次多项式而言更为简单，权重也低很多。如同在岭回归时一样，随着 λ 的增加，模型越来越简单。图 3-6 中的模型与二次多项式（见图 1-4）很相似。

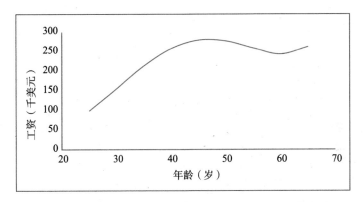

图 3-4　当 λ=0.02 时，通过套索回归模型预测的工资水平

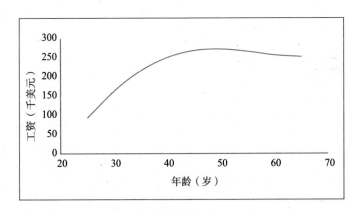

图 3-5　当 λ=0.1 时，通过套索回归模型预测的工资水平

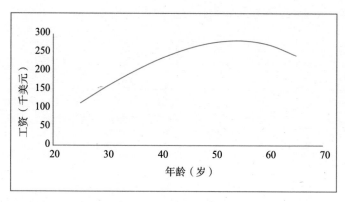

图 3-6 当 λ=1 时，通过套索回归模型预测的工资水平

3.7 弹性网络回归

弹性网络回归（elastic net regression）是岭回归和套索回归的结合。最小化的函数既包含了一个常数项乘以权重的平方和，又包含了一个常数项乘以权重的绝对值之和：

$$\frac{1}{n}\sum_{i=1}^{n}(Y_i - a - b_1 X_{1i} - b_2 X_{2i} - \cdots - b_m X_{mi})^2 + \lambda_1 \sum_{j=1}^{m} b_j^2 + \lambda_2 \sum_{j=1}^{m} |b_j|$$

在套索回归中一部分权重被替换为 0，但其他的权重则可能比较大。在岭回归中，对于很小的权重却没有替换为 0。弹性网络回归将套索回归和岭回归的优点结合起来，即将部分权重替换为 0，同时降低另一部分的权重。在工资水平的例子中，如果 λ_1=0.02 且 λ_2=1，模型通过年龄预测工资水平 Y 的结果如下：

$$Y = 216.5 + 96.7X + 21.1X^2 - 26.0X^4 - 45.5X^5$$

除了非零权重小了很多之外，这里与套索回归模型中当 λ=0.02

时的结构相似（见表 3-5）。模型展示于图 3-7 中，与第 1 章例子中所提到的二次多项式模型非常相似。

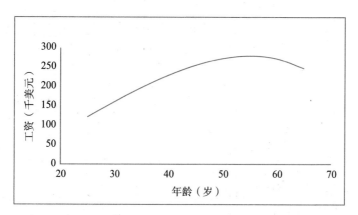

图 3-7　当 $\lambda_1=0.02^{\ominus}$ 且 $\lambda_2=1.0$ 时，通过弹性网络回归模型预测的工资水平（以千美元计，见 Excel 文件 Salary vs. Age）

3.8　房价数据模型结果

到目前为止，我们已经使用仅有的 10 个观测值的小样本来解释了正则化，现在我们将其运用于一种更契合现实的情况。

很多国家的地方政府都需要通过预测房价来决定财产税收政策。它们可以通过将房屋出售价格与相关特征关联来实现预测，这些特征包括卧室个数、卫生间个数及房屋地理位置。我们将使用艾奥瓦州 4 年的房屋交易数据及信息。[二]

在开始之前，需要强调第 1 章中所介绍的内容，将数据分

　　⊖　原书为 0.2，疑有误，更正为此。——译者注
　　⊜　我们使用 Kaggle 竞赛（Kaggle competition）数据，竞选者用测试数据来预测价格。

为三部分：训练集、验证集和测试集。训练集用于决定测试模型的参数，验证集用于评估训练结果对其他数据的拟合度，测试集将最终测试模型的准确性。在进行数据清洗之后，我们有 2 908 个观测值，将它们做如下分类：1 800 个用于训练集，600 个用于验证集，508 个用于测试集。

整个数据集包含 80 个特征，一部分为分类型数据，另一部分为数值型。为了演示本书中讲到的回归模型，我们将用到其中的 23 个特征，并将它们罗列于表 3-6 中，包含 21 个数值型和 2 个分类型。其中一个分类特征为地下室质量，主要取决于层高，它们被分类为：

- 非常好（> 100 英尺）；
- 好（90 ~ 99 英尺）；
- 标准（80 ~ 89 英尺）；
- 一般（70 ~ 79 英尺）；
- 不好（< 70 英尺）；
- 没有地下室。

这是一个自然排序的分类型变量，我们创建了新的虚拟变量，相对的取值分别为 5、4、3、2、1 和 0。

另一个分类特征为 25 个社区中某个房屋的地理位置。正如房屋中介所说"位置，位置，位置"，我们可以预判该变量不可或缺。因此我们将它们转换为 25 个虚拟变量，这些虚拟变量表示当一个房屋坐落在某个社区时，该社区对应的变量取值为 1，其他社区对应的变量取值为 0。模型中所有特征的总数为 47（21 个为数值型，1 个为地下室质量，25 个为房屋地理位置）。

　　特征之间的关系如表 3-6 所示。例如，地下室的总面积为已完工与未完工的地下室面积之和。居住面积、卧室个数以及卫生间个数等特征都与房屋总面积相关。这一系列的问题都可以用岭回归和套索回归来解决。

表 3-6　用简单线性模型预测房价的特征集合（来自 Python）

特征	简单线性回归的权重
占地面积（平方英尺）	0.07
总体质量（从 1 到 10）	0.21
整体状态（从 1 到 10）	0.10
建房年份	0.16
重新装修年份（如果没有重装就是建房年份）	0.03
已完工的地下室面积（平方英尺）	0.09
未完工的地下室面积（平方英尺）	−0.03
地下室的总面积（平方英尺）	0.14
第一层的总面积（平方英尺）	0.15
第二层的总面积（平方英尺）	0.13
居住面积（平方英尺）	0.16
完备的卫生间个数	−0.02
简易的卫生间个数	0.02
卧室个数	−0.08
地上总房间数	0.08
壁炉个数	0.03
车库停车位	0.04
车库面积（平方英尺）	0.05
木质露台（平方英尺）	0.02
开放式门廊（平方英尺）	0.03
封闭式门廊（平方英尺）	0.01

(续)

特征	简单线性回归的权重
房屋地理位置	$-0.05 \sim 0.012$
地下室质量	0.01

所有特征的缩放方式为 Z 评分标准化。我们同样可以利用 Z 评分标准化来缩放目标值（房屋价格），虽然没有太大的必要性，但可以避免结果数值过大的影响。

当简单线性回归运用于训练集时，房屋预测价格的均方根误差为 0.111。因为观测值已经过缩放，所以其方差为 1，这意味着训练集中 1−0.111 或者 88.9% 房价的差异性可以被回归模型解释。

对于我们正在使用的数据，模型拟合度较好。验证集中均方根误差比训练集中稍微高一点，为 0.114。然而，由于特征之间的相关性，没有正则化的线性回归出现一些奇怪的结果。例如，完备的卫生间个数和卧室个数权重为负是解释不通的。

我们尝试在岭回归中使用不同的超参数 λ。在验证集中使用这种方式对预测误差的影响如图 3-8 所示。如我们所期待的，预测误差随着 λ 的增大而增大。λ 的取值范围在 $0 \sim 0.1$ 较为合理，因为预测误差在这个区间中只是随着 λ 的升高而略微升高。然而，模型在这个取值范围中改善得不明显，随着 λ 从 0 增加到 0.1，权重的平均绝对值从 0.049 下降到 0.045。

套索回归带来了更有趣的结果。图 3-9 展示了验证集中 λ 从初始值 0 逐渐增大后误差的变化情况。取值较小的 λ 值的误差小于 $\lambda=0$ 的误差，但当 λ 取值超过 0.03 时，误差开始增大。

当 λ 取值为 0.04 时非常有趣，模型的准确度损失较小。验证集中观测值的均方根误差只占总方差的 11.7%（相较 λ 为 0 且没有正则化时，均方根误差为 11.4%）。然而，当 λ=0.04 时，20 个权重取值为 0 且权重均值下降至 0.033（结果远好于岭回归的结果）。

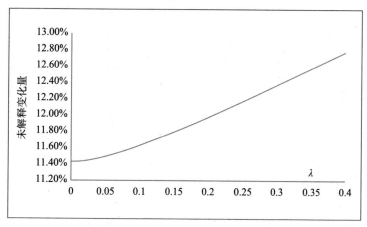

图 3-8　岭回归结构展示了验证集中观测值的均方根误差占总平方误差的比例（来自 Python）

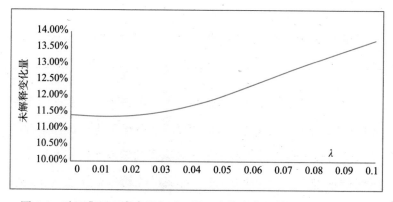

图 3-9　验证集用于套索回归后，随 λ 取值变化的结果（来自 Python）

如果我们准备将均方根误差比例降至 13.7%，我们就可以将 λ 设为 0.1，这样一来有 32 个权重取值为 0。剩下的 15 个非零权重如表 3-7 所示。在表 3-7 和表 3-6 中可见总体质量和总居住面积为最重要的预测变量。表 3-6 中为负值的权重无意义，已被删除。

表 3-7   套索模型结果，当 $\lambda = 0.1$ 时的非零特征（缩放后）（来自 Python）

特征	权重
占地面积（平方英尺）	0.04
总体质量（从 1 到 10）	0.30
建房年份	0.05
重新装修年份	0.06
已完工的地下室面积（平方英尺）	0.11
未完工的地下室面积（平方英尺）	0.11
第一层的面积（平方英尺）	0.03
居住面积（平方英尺）	0.29
壁炉个数	0.02
车库停车位	0.03
车库面积（平方英尺）	0.07
房屋地理位置（25 个非零项中的 3 项）	0.01，0.02，0.08
地下室质量	0.02

对于我们使用的数据，弹性网络回归相较于套索回归没有实现更好的提升。因此在这种情况下，分析师将选择套索回归模型。当模型确认后，需使用测试集来测试模型精准度。在套索回归模型中，当 $\lambda=0.04$ 时，测试集的均方根误差为 12.3%（因此 87.7% 的房价方差能够被解释）。在套索回归模型中，当

λ=0.1 时，测试集的均方根误差为 14.4%（因此 85.6% 的房价方差能够被解释）。

3.9　逻辑回归

正如第 1 章中所提到的，监督学习有两种模型：一种用于预测数值型变量，另一种用于分类。到目前为止，在本章中，我们都在研究数值型变量的预测。现在我们将要研究分类问题，即预测新的观测值将属于哪个分类。**逻辑回归**（logistic regression）是其中一种方法，对于其他方法我们将在第 4 ~ 6 章中介绍。

假设有一系列特征 X_j（$1 \leqslant j \leqslant m$），其中一部分是由分类变量而生成的虚拟变量。现在观测值可被分为两类：一类为正产出（我们尝试预测的一类），另一类为负产出。一个简单的分类例子是通过文字识别邮箱中的垃圾邮件，垃圾邮件将被分类为正产出，非垃圾邮件为负产出。

我们用标识 1 代表正产出，标识 0 代表负产出。逻辑回归可用于计算正产出的概率，并用双弯曲（Sigmoid）函数 Q 来表示：

$$Q = \frac{1}{1 + e^{-Y}} \tag{3-6}$$

这个 Sigmoid 函数的图形如图 3-10 所示，其取值在 0 到 1 之间，当 Y 值很大且为负时，e^{-Y} 取值大且函数 Q 接近于 0；当 Y 取值很大且为正时，e^{-Y} 取值小且函数 Q 接近于 1。

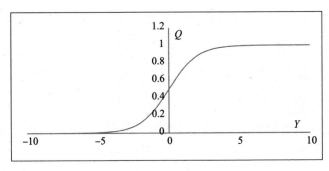

图 3-10　Sigmoid 函数

我们设 Y 等于一个常数（偏置）加上特征的线性组合：

$$Y = a + b_1 X_1 + b_2 X_2 + \cdots + b_m X_m$$

观测值属于正产出的概率为：

$$Q = \frac{1}{1 + \exp\left(-a - \sum_{j=1}^{m} b_j X_j\right)}$$

在统计学中，最常用的方法为最大似然估计法，它通过最大化观测值出现的概率来为模型估算参数。在目前的情况下，通过最大化这个公式来估算 a 和 b_j：

$$\sum_{\text{正产出}} \ln(Q) + \sum_{\text{负产出}} \ln(1-Q)$$

上式中的第一部分是所有观测值中正产出的概率之和，第二部分是所有观测值中负产出的概率之和。这个公式无法直接通过求解析解来最大化，需要利用梯度上升法（梯度下降的反方向）。

3.10　逻辑回归的准确性

当回归模型用于估算数值型的变量时，均方根误差提供了一种很自然的衡量准确性的方法。在逻辑回归中，我们很自然地通过对观测值正确分类的比例来衡量准确性，但这样做并不一直表现良好。例如，我们通过一系列特征（比如每天消费数量、购买类型等）来判断信用卡是否被盗刷。如果 1% 的交易是违法的，则当预测所有交易都正常时，我们有 99% 的准确率。

这里存在一个问题，那就是分类不均，有以下两种类型：

- 正常交易；
- 非法交易。

第一种类型的数量远超于第二种。如果分类的数量一致（或基本一致），那么我们前面提到的准确性的衡量会很有效，但往往很多时候我们处理的分类都是不均衡的。

其中一种解决这个问题的方法是从大类别中创造一个均衡的子集。例如，对于我们刚才提到的情况，分析师将收集一个包含 100 000 个非法交易的训练集，并为之匹配 100 000 个随机抽样的正常交易。另外一种是用合成观测值的方法来增加少数分类的数据，这种方法被称为 SMOTE（synthetic minority over-sampling technique，即合成少数过采样算法）。⊖

在逻辑回归中，均衡分类不是必需的，但这些方法对于后面谈到的内容是有必要的，比如支持向量机（SVM）和神经网络。它也允许将"观测值被正确分类的比例"作为目标函数。

⊖　See N. V. Chawla.K. W. Bowyer, L. O. Hall, and W. P. Kegelmeyer, " SMOTE: Synthetic Minority Over-Sampling Technique," *Journal of Artifical Intelligence Research*, 16(2002), 321-357.

运用这个标准，如果正分类的概率 Q 大于 0.5，我们可以将这个观测值分配到这一类中。反之，则将其分配到负分类中。

　　然而，当需要考虑准确度时，非常重要的一点是记住分类的目的。将一个新观测值分到正分类但其实应当属于负分类的成本不同于将它分为负分类但其实属于正分类的成本。因此，一家公司也许不会使用 Q 值是否大于 0.5 来作为分类依据。如果需要做决策，可以向决策者建议一定范围的备择标准，我们称之为接收器操作曲线（ROC），将在下一节中介绍它与贷款决策的关系。

3.11　信贷决策中的运用

　　在本小节中，我们将使用 Lending Club 公司提供的一部分信用决策数据（原数据及分析请见 www-2.rotman.utoronto. ca/~hull）。Lend Club 是一家允许投资者在没有中介参与的情况下把钱借给贷款者的 P2P 借贷公司。$^{\ominus}$

　　Lending Club 公司运用机器学习并对外公布其贷款数据。我们将运用自己的机器学习方法来挑战这项任务并尝试帮助该公司提高其标准。数据的部分摘录被展示在表 3-8 中。我们将运用训练集和测试集。训练集包含 8 695 个观测值，其中 1 499 个为违约贷款（或不良贷款），7 196 个为履约贷款（或良好贷款）；测试集包含 5 916 个观测值，其中 1 058 个为违约贷款，4 858 个为履约贷款。

$\ominus$　See https://www.lendingclud.com.

　　我们使用 4 个特征（其中房产产权为分类特征，需要被记录为 0 或 1 的虚拟变量）。训练集所估算的权重显示于表 3-9 中，偏置为 −6.564 5。因此，不违约贷款的概率可根据式（3-6）和下式得出：[⊖]

$$Y = -6.564\ 5 + 0.139\ 5X_1 + 0.004\ 1X_2 - 0.001\ 1X_3 + 0.011\ 3X_4$$

表 3-8　用作预测贷款违约的训练集数据

房屋所有权 （拥有 =1， 租房 =0）	收入 X_2 （千美元）	债务 – 收入比 X_3	信用得分 X_4	贷款质量 （良好 =1， 不良 =0）
1	44.304	18.47	690	0
1	136.000	20.63	670	1
0	38.500	33.73	660	0
1	88.000	5.32	660	1
⋮	⋮	⋮	⋮	⋮

表 3-9　最优权重（见 Excel 或 Python）

特征	变量	权重 b_i
房屋所有权	X_1	0.139 5
收入（千美元）	X_2	0.004 1
债务 – 收入比	X_3	−0.001 1
信用得分	X_4	0.011 3

　　分析师需要决定贷款是否被接受的分类标准。因此我们需要为 Q 函数设定一个阈值 Z，由此：

⊖　在此处和本书其他地方的分析中，履约贷款或良好贷款被表述为"current"，违约贷款或不良贷款被表述为"charged off"，本章作业题 3 就采用了这种说法。

- 当 $Q > Z$ 时，贷款被预测为良好贷款；
- 当 $Q \leqslant Z$ 时，贷款被预测为不良贷款。

特定的阈值 Z 被应用于测试集之后，我们可用一个混淆矩阵（confusion matrix）来总结，它展示了预测值与真实值之间的关系。表 3-10 ～表 3-12 展示了模型中 3 种不同的 Z 值在测试集中的混淆矩阵（见 Excel 或 Python）。

表 3-10　当 Z=0.75 时，测试集的混淆矩阵

	预测履约	预测违约
结果为肯定（履约）	77.59%	4.53%
结果为否定（违约）	16.26%	1.32%

表 3-11　当 Z=0.8 时，测试集的混淆矩阵

	预测履约	预测违约
结果为肯定（履约）	55.34%	26.77%
结果为否定（违约）	9.75%	8.13%

表 3-12　当 Z=0.85 时，测试集的混淆矩阵

	预测履约	预测违约
结果为肯定（履约）	28.65%	53.47%
结果为否定（违约）	3.74%	14.15%

混淆矩阵本身并不具有歧义，但它的术语可能会给人造成混淆。以下四个要素定义了混淆矩阵。

- 真正（true positive，TP）：预测值与真实值均为正；
- 假负（false negative，FN）：预测值为负，真实值为正；

- 假正（false positive，FP）：预测值为正，真实值为负；
- 真负（true negative，TN）：预测值与真实值均为负。

表 3-13 给出了关于这些定义的总结。

表 3-13 定义总结

	预测值为正	预测值为负
真实值为正	TP	FN
真实值为负	FP	TN

上表中所对应的比例定义如下：

$$准确率 = \frac{TP + TN}{TP + FN + FP + TN}$$

$$真正率 = \frac{TP}{TP + FN}$$

$$真负率 = \frac{TN}{TN + FP}$$

$$假正率 = \frac{FP}{TN + FP}$$

$$精度 = \frac{TP}{TP + FP}$$

由表 3-10 ～表 3-12 中的数据及上述公式得出的结论被展示在表 3-14 中。准确率为观测值被正确分类的比例。正如前面小节中提到的，最大化准确率并不一定能带来最好的模型。其实，在现在的例子中，我们通过简单地将观测值全部分类为正（预测准确），使得准确率最大化至 82.12%。真正率又被称为灵敏度或召回率（recall），它是真实值为正且被准确预测的概率。与准确性一样，由于我们可以简单地将所有观测值归类为正，所以真正率不应该是唯一的目标。真负率又被称为特异性，即真实值为负且被预测为负的概率。假正率等于1减去真负率，它表示真实值为负且没有被准确预测的概率。精度为预测值为正且被预测为正的比例。

表 3-14　由表 3-10～表 3-12 的混淆矩阵计算而来的比例
（见 Excel 或 Python）

	Z=0.75	Z=0.80	Z=0.85
准确率	79.21%	63.47%	42.80%
真正率	94.48%	67.39%	34.89%
真负率	9.07%	45.46%	79.11%
假正率	90.93%	54.54%	20.89%
精度	82.67%	85.02%	88.47%

这是一系列数字替代的关系。当良好贷款占比较低时，我们应该增加预测的真负率（即识别出更多的不良贷款）。另外，准确率随着真负率上升而下降。

这种权衡关系被总结在图 3-11 中，即真正率与假正率的相对关系。该曲线被称为接收器操作曲线（receiver operating curve，ROC），在此曲线下方区域的面积为 AUC 值，这是最常用的用于总结模型预测能力的指标。如果 AUC 值为 1，则模型有 100% 的真正率，也即 0% 的假正率。图 3-11 的虚线对应的 AUC 值为 0.5，在这种情况下模型没有预测能力，而 AUC 值低于 0.5 的模型的预测能力比随机模型还差。

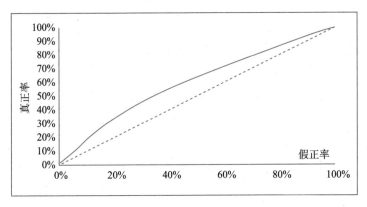

图 3-11 ROC 展示了真正率和假正率之间的关系（见 Excel）

从数据结果中我们可以看出模型的预测能力较弱。由于 Lending Club 公司已经将机器学习运用于其借贷决策中，而我们只用到了 4 个特征，所以 AUC 值仅仅略高于 0.5 并不意外。通常我们不能期待一个模型有完美的预测能力，更重要的是模型是否有相对于人工判断更好的预测能力。

为了决定最适合的 Z 值（ROC 上的位置），借款人需要评估借款时履约的平均收益与违约的平均损失。假设贷款履约时，借款人的收益为 X，而贷款违约时，借款人的损失为 $4X$。当下式最大化时，借款人收益将达到最大化：

$$X \times TP - 4X \times FP$$

另一种考虑是参考表 3-10 ～ 表 3-12，对应表格中三个不同的 Z 值，结果分别为 $12.55X$、$16.34X$ 及 $13.69X$，当 $Z=0.8$ 时，收益最大。

关于岭回归、套索回归和弹性网络回归最后提一点，以

上三种方法均可以结合逻辑回归，也可以结合常规的回归模型使用。这三种方法常用于特征较多时，添加 $\sum b_j^2$ 或 $\sum |b_j|$，或者将两者都添加至关于 Y 的表达式（式（3-6））中来调整函数 Q。需要强调的是，这种方法是为了确定参数，而不是在参数已知的情况下进行预测。

3.12 k- 近邻算法

最后，我们来介绍下一种可替代线性或逻辑回归的方法——k- 近邻算法（k-nearest neighbors algorithm）。该方法是选择一个 k 值，然后找到特征与我们用于预测的观测值的特征最相似的 k 个观测值。

假设我们在特定社区用占地面积和居住面积来预测房屋价格。我们可以设 $k=3$，并且从训练集中找到 3 个房屋，其占地面积和居住面积与我们需要预测的房屋价格相似。同样我们需要缩放特征，然后通过第 2 章中介绍的欧式距离来判断最相似的观测值。假设选中的 3 个房屋的价格分别为 230 000 美元、245 000 美元和 218 000 美元，则房屋的预测值等于这 3 个房屋价格的算术平均数，即 231 000 美元。

这种计算方法同样可以用于分类。假设我们通过表 3-8 中的 4 个特征预测一笔贷款是否会违约，设 $k=10$，我们将从训练集中寻找 10 笔特征与预测项特征最相似的贷款，假设其中 8 笔贷款履约、2 笔违约，则预测违约的概率为 20%。

小　结

　　线性回归显然不是机器学习中的一项新技术，但它是实证研究多年来的技术核心，数据分析师现在将它看作一个预测工具。

　　在机器学习实践中存在大量特征且其中一些存在高度相关性。由此，线性回归倾向于为一个特征估算出一个很大的正系数，而同时为另一个高度相关的特征估算出一个很大的负系数。我们在第 1 章工资水平预测的案例中说明了这点。

　　一种减少权重的方法为岭回归，另一种为套索回归，后者将权重较小的变量设为 0。弹性网络回归结合了岭回归和套索回归并利用了两者的优势（例如部分参数变小并删除了不重要的变量）。

　　分类变量可以通过创造虚拟变量来融合在线性回归中，每个分类为一个变量。当观测值落在某个分类中时，该观测值对应的该分类虚拟变量取值为 1，其他为 0。

　　逻辑回归与常规线性回归相似，在实证研究中已经被使用多年，如今它已成为数据科学家一个非常重要的分类工具。在逻辑回归中常有两类：一类为"正"，另一类为"负"。S 形的 Sigmoid 函数用来定义一个观测值为正的概率。我们用迭代的程序来寻找特征的线性方程，并代入 Sigmoid 函数中，结果显示它在分配高概率给正分类、低概率给负分类方面表现良好。逻辑回归被运用于测试集的结果可以用混淆矩阵来表示。

　　当逻辑回归拟合后，下一步是决定如何使用。我们用借贷的例子来展示这个步骤。对决策者而言，很重要的一件事是决定 Z

值。当预测值为正的概率大于 Z 值时，借贷可以通过，小于 Z 值则拒绝借贷。我们需要在成功判断贷款履约和成功判断贷款违约之间权衡，提高后者则会降低前者，反之亦然。该权衡可以被总结为将真正率（真实值为正且预测值为正的比例）与假正率（真实值为负且预测值为正的比例）关联的 ROC。

练习题

1. 普通线性回归方程的目的是什么？

2. 以下方法中的目标函数是如何变化的？（a）岭回归；（b）套索回归；（c）弹性网络回归。

3. 以下两种方法的优势是什么？（a）岭回归；（b）套索回归。

4. 在预测房价的例子中，如果有空调为"是"，没有则为"否"，你如何处理这个特征？

5. 在预测房价的例子中，如果占地分为"没有斜坡""缓坡""中度陡斜坡""陡斜坡"，你如何处理这个特征？

6. 在预测房价的例子中，你如何处理描述周围环境的特征？

7. 请解释正则化的含义。

8. 什么是 Sigmoid 函数？

9. 逻辑回归的目标函数是什么？

10. 下列描述的定义分别是什么？（a）真正率；（b）假正率；（c）精度。

11. ROC 图是怎样构成的？请阐述该图所描述的替代关系。

作业题

1. 运用表 1-2 中的数据，生成类似表 3-2 和表 3-3 的结果。用缩放数据计算误差、权重和均方根误差：（a）由 X、X^2、X^3、X^4 和 X^5 组成的线性回归，其中 X 为年龄；（b）由 X、X^2、X^3、X^4 和 X^5 组成的岭回归，$\lambda=0.02$、0.05、0.1；（c）由 X、X^2、X^3、X^4 和 X^5 组成的套索回归，$\lambda=0.02$、0.05、0.1。

2. Python 练习：扩展艾奥瓦州房价的例子，运用 Original_Data.xlsx 文件中额外的特征，数据源来自 www-2.rotman.utoronto.ca/~hull。选择前 1 800 个观测值为训练集，后面 600 个为验证集，其余为测试集。一个新增的变量为占地面积，你需要思考一种处理缺失值的方法。另一个新增的变量为分类变量，即地形。请选择一个预测模型，然后用测试集计算准确性。随机分配训练集、验证集和测试集，然后重复你的分析步骤。

3. Python 练习：Lending Club 公司完整的数据集存于 Full_Data_Set.xlsx 中（见 www-2.rotman.utoronto.ca/~hull）。在本章中，"履约贷款"显示为"current"，"违约贷款"显示为"charged off"。你的结果优于本章中的结果吗？在完整的数据集中找到额外的特征，并报告你的逻辑回归结果是否有提高（请确保在为贷款做出决定时，你选择的特征取值为已知）。

第 4 章

监督学习：决策树

在这一章中，我们将继续讨论监督学习，讨论如何使用决策树进行预测。与线性回归或逻辑回归相比，决策树具有许多潜在优势，例如：

- 决策树与人类思考问题的方式一致，易于向非专业人士解释；
- 不要求目标和特征之间存在线性关系；
- 决策树会自动选择最佳特征来进行预测；
- 决策树对异常观测数据的敏感性低于回归模型。

第 4.1 节将重点介绍决策树在分类中的应用。我们将使用第 3 章中介绍的预测贷款违约数据来说明这一方法。以第 1 章介绍的贝叶斯定理为基础，我们将解释朴素贝叶斯分类器。然后，通过考虑第 3 章中使用的房价数据子集，我们展示了如何将决策树用于连续变量的预测。之后，我们将解释如何将不同的机器学习算法组合起来生成复合预测，其中一个重要的例子是随机森林。随机森林能够生成许多不同的决策树，并对结果进行综述。

4.1　决策树的本质

通过决策树，我们可以显示预测过程。图 4-1 是一个简单的例子，将求职者分为两类：

- 应该得到工作；
- 应该被婉拒。

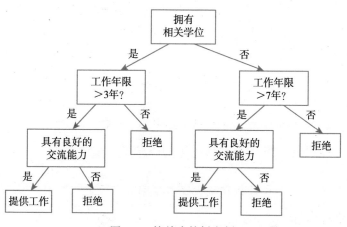

图 4-1　简单决策树实例

这个例子说明了决策树的一个关键特性：决策过程的每一

步只考虑一个特性，而不是一步考虑所有特性。首先考虑最重要的特征（在我们的示例中为是否拥有相关学位），然后再考虑工作年限的长短（以年份衡量），依此类推。

雇主可能没有正式使用决策树，而是下意识地使用如图 4-1 所示的简单决策树。我们将解释一点，当决策树被用作机器学习时，树形是使用算法从历史数据来构建的。

4.2　信息增益测度

在根节点的选择上，最佳的特征应该是什么？假设我们的目的是复制过去的雇用决定。$^{\ominus}$根节点的特征就应该是能获得最多信息所对应的特征。假设我们已有了众多求职者的资料，并向 20% 的求职者提供了工作机会。我们进一步假设，求职者中 50% 拥有相关学位，如果那些拥有相关学位和没有相关学位的求职者都有 20% 的机会获得工作机会，那么我们就会得出结论，申请人是否拥有相关学位这一信息没有带来信息增益。然而，如果我们获得了以下信息：

- 30% 拥有相关学位的人获得了工作机会；
- 只有 10% 没有相关学位的人获得了工作机会。

很明显，通过求职申请人是否拥有相关学位，我们可以获得一些额外信息。

$\ominus$　更成熟的分析方式可能会试图将员工的表现与雇用决策中已知的特征联系起来。

我们可以采用熵（entropy）这个概念来对信息增益进行度量，这是一种对不确定性的测度。假设我们有 n 个结果，每个结果出现的概率为 p_i（$1 \leqslant i \leqslant n$），熵可以定义为：

$$熵 = -\sum_{i=1}^{n} p_i \ln(p_i) \qquad (4\text{-}1)$$

（这里我们在信息熵的公式中用了自然对数 ln，有时也会采用以 2 为底的对数。）在我们的例子中，最初有 20% 的机会求职者得到工作，而有 80% 的机会求职者没有得到工作，因此：

$$熵 = -(0.2\ln0.2 + 0.8\ln0.8) = 0.500\ 4$$

如果求职者拥有相关学位，那么：

$$熵 = -(0.3\ln0.3 + 0.7\ln0.7) = 0.610\ 9$$

如果求职没有相关学位，那么：

$$熵 = -(0.1\ln0.1 + 0.9\ln0.9) = 0.325\ 1$$

因为求职申请者中 50% 拥有相关学位，所以在确定求职者是否拥有相关学位后，熵的期望值等于：

$$0.5 \times 0.610\ 9 + 0.5 \times 0.325\ 1 = 0.468\ 0$$

预期不确定性的减幅可以用来测度求职者是否拥有相关学位所带来的信息增益。如果采用熵来测度不确定性，那么信息增益的熵值为：

$$0.500\ 4 - 0.468\ 0 = 0.032\ 4$$

在构建决策树时，首先寻求带来信息增益最大的特征，然后将此特征放在树根节点上。对于树根派生出的每个分支，我们搜索另外一个具有最大信息增益的特征（根部特征除外）。在我们的例子中，对于"拥有相关学位"和"没有相关学位"两种情形，最大化信息增益（即期望熵减幅）的特征是工作年限。当候选者拥有相关学位时，该特征使期望信息增益最大化的临界值为 3 年，在树形的第二层上，在拥有相关学位分支派生出"工作年限 > 3 年"和"工作年限 ≤ 3 年"两个分支；对于没有相关学位的求职者所对应的分支，最大化预期信息增益的临界值为 7 年。因此，接下来的两个分支是"工作年限 > 7 年"和"工作年限 ≤ 7 年"。我们使用类似的步骤来构建树形的其余部分。

另一个替代量化信息增益的熵测度是基尼测度（Gini measure），其定义为：

$$Gini = 1 - \sum_{i=1}^{n} p_i^2 \tag{4-2}$$

它的使用方式与熵类似。在前面的例子中，最初的基尼测度为：

$$Gini = 1 - 0.2^2 - 0.8^2 = 0.32$$

在确定求职者是否拥有相关学位后，预期基尼测度为：

$$0.5 \times (1 - 0.1^2 - 0.9^2) + 0.5 \times (1 - 0.3^2 - 0.7^2) = 0.30$$

信息增益（预期基尼测度的减少）为 0.02。在大多数时候，熵和基尼测度会产生相似的树形。

4.3 信息决策应用

借助第 3 章中 Lending Club 公司的数据，现在我们运用基于熵测量方法的决策树。这里的训练集中有 8 695 个观测数据，测试集中有 5 916 个观测数据。在训练集中，7 196 笔为良好贷款，1 499 笔为不良贷款。因此，在没有任何进一步信息的情况下，贷款为良好的概率为 7 196/8 695，即等于 82.76%。初始熵等于：

$$-0.827\ 6\ln 0.827\ 6-0.172\ 4\ln 0.172\ 4=0.459\ 7$$

我们使用第 3 章的数据，并考虑以下 4 个特征：

- 申请人是拥有住房还是租房；
- 申请人的收入；
- 申请人的债务－收入比（dti）；
- 申请信用评分（FICO 评分）。

在这里的第一步是计算每个特征的期望信息增益（期望熵的减幅）。在贷款申请者中，有 59.14% 拥有自己的住房，有 40.86% 自己租房。在拥有住房的条件下，贷款为良好的概率是 84.44%；在租房的条件下，贷款为良好的概率是 80.33%。因此，如果房屋所有权（但没有其他特征的情况下）为已知，则期望熵为：

$$0.591\ 4\times(-0.844\ 4\ln 0.844\ 4-0.155\ 6\ln 0.155\ 6)$$
$$+0.408\ 6\times(-0.803\ 3\ln 0.803\ 3-0.196\ 7\ln 0.196\ 7)$$
$$=0.458\ 2$$

熵的预期减幅不大，等于 0.459 7－0.458 2，即 0.001 5。

从收入中来计算期望熵，我们需要指定一个临界值，定义如下。

- P_1：收入高于临界值的概率；
- P_2：如果收入大于临界值，借款人不违约的概率；
- P_3：如果收入小于临界值，借款人不违约的概率。

期望熵为：

$$
P_1[-P_2\ln(P_2)-(1-P_2)\ln(1-P_2)] \\
+(1-P_1)[-P_3\ln(P_3)-(1-P_3)\ln(1-P_3)]
\tag{4-3}
$$

我们需要通过迭代搜索来确定临界值，该临界值使得训练集的期望熵达到最小。最终求得临界值为 85 193 美元，对应于该临界值，P_1=29.93%，P_2=87.82%，P_3=80.60%。

所有的信息增益计算结果如表 4-1 所示，可以看出，FICO评分具有最大的信息增益，因此它应被放在树的根节点上。因此，树形的初始分枝对应于 $FICO > 716$ 和 $FICO \leqslant 716$。

表 4-1　确定根节点的特征的信息增益（关于 Lending Club 公司的案例，请参见 Excel 决策树文件）

特征	临界值	预期熵	信息增益
住房所有权	N.A.	0.458 2	0.001 5
收入（美元）	85 193	0.455 6	0.004 1
dti	19.87	0.457 6	0.002 1
FICO 评分	716	0.453 6	0.006 1

对于树形的下一级节点，我们重复以上过程。对于 $FICO > 716$ 和 $FICO \leqslant 716$，我们必须计算其余 3 个节点的信息增

益，计算结果如表 4-2 所示。结果显示，对于 $FICO > 716$ 和 $FICO \leqslant 716$ 这两种不同情形，收入是下一个应该被考量的特征（请注意，当从一个节点发出分裂成下面两个分支时，我们并不总是为这两个分支选择同样的特征。此外，哪怕这两个分支选择的特征是一样的，这两个分支通常也不会设定相同的临界值）。

表 4-2　确定决策树第二层特征的信息增益（关于 Lending Club 公司的案例，请参见 Excel 决策树文件）

第一个分支	特征	临界值	预期熵	信息增益
$FICO > 716$	住房拥有权	N.A.	0.305 0	0.000 2
$FICO > 716$	收入（美元）	48 711	0.300 1	0.005 0
$FICO > 716$	dti	21.13	0.303 5	0.001 6
$FICO \leqslant 716$	住房拥有权	N.A.	0.487 0	0.001 2
$FICO \leqslant 716$	收入（美元）	85 244	0.484 4	0.003 8
$FICO \leqslant 716$	dti	16.80	0.486 1	0.002 1

在我们的例子中，当 $FICO > 716$ 时，后续分支分别对应于收入 > 48 711 美元和收入 $\leqslant$ 48 711 的情形；当 $FICO < 716$ 时，后续分支分别对应于收入 > 85 244 美元和收入 $\leqslant$ 85 244 美元的情形。

树形全貌如图 4-2 所示，在构建该树形时，我们需要进行"剪枝"处理，去掉少于 1 000 个观测值相对应的决策点，以及其中一个结果的观测值少于 300 个的决策点。[⊖]树形到达的最后节点（如树形图所示）被称为叶节点，叶节点的数字是训练集中贷款为良好的概率。

───────────

⊖ 我们可以采用类似卡方分布检验来测试信息增益是否为显著。

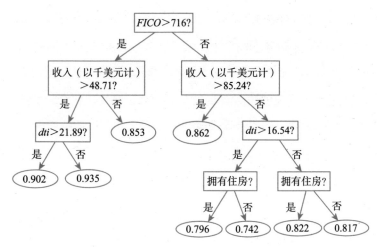

图 4-2 Lending Club 公司的决策树，树末端的数字是训练集
中贷款为良好的概率

与逻辑回归类似，我们需要定义一个 Z 值，来决定贷款申请是否可以接受。我们考虑 Z 值分别为 0.75、0.8 和 0.85，从图 4-2 中可以看出，Z 值和决策之间的关系如下。

- $Z=0.75$：预测除了 $FICO \leqslant 716$、收入 $\leqslant 85\ 240$ 美元、$dti > 16.54$，并且借款人租房的贷款以外，所有贷款均为良好；

- $Z=0.80$：预测除了 $FICO \leqslant 716$、收入 $\leqslant 85\ 240$ 美元和 $dti > 16.54$ 的贷款以外，所有贷款均为良好；

- $Z=0.85$：预测除了 $FICO \leqslant 716$ 和收入 $\leqslant 85\ 240$ 美元的贷款以外，所有贷款均为良好。

当 Z 值分别为 0.75、0.80 和 0.85 时，表 4-3 ~ 表 4-5 给

出了测试集的混淆矩阵，表 4-6 给出了第 3.11 节中介绍的比率（有关 Lending Club 公司案例的计算，请参见 Excel 决策树文件）。图 4-3 显示了三个 Z 值的真正率与假正率之间的权衡，将图 4-3 与图 3-11 中的 ROC 进行比较，我们发现 Z=0.85 点略低于曲线，而 Z=0.80 和 Z=0.75 点几乎刚好落在曲线上。我们由此推断，对于这三个 Z 值，图 4-2 中简单决策树的性能几乎与逻辑回归一样好。

表 4-3　当 Z=0.75 时，测试数据集的混淆矩阵

	预测履约	预测违约
结果为正（履约）	68.46%	13.66%
结果为负（违约）	13.69%	4.19%

表 4-4　当 Z=0.80 时，测试集的混淆矩阵

	预测履约	预测违约
结果为正（履约）	52.72%	29.39%
结果为负（违约）	9.18%	8.71%

表 4-5　当 Z=0.85 时，测试集的混淆矩阵

	预测履约	预测违约
结果为正（履约）	35.11%	47.01%
结果为负（违约）	5.36%	12.53%

表 4-6　根据表 4-3 ～表 4-5 计算出的比率

	Z=0.75	Z=0.80	Z=0.85
准确率	72.65%	61.43%	47.63%
真正率	83.37%	64.20%	42.75%

（续）

	Z=0.75	Z=0.80	Z=0.85
真假率	23.44%	48.68%	70.04%
假正率	76.56%	51.32%	29.96%
预测率	83.33%	85.17%	86.76%

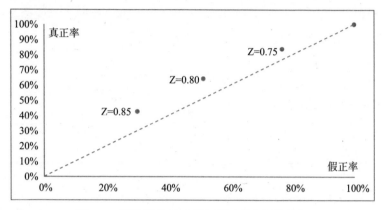

图 4-3　决策树的真正率与假正率之间的权衡

4.4　朴素贝叶斯分类器

在第 1 章中，我们介绍了贝叶斯定理，贝叶斯学习包含使用贝叶斯定理来更新概率。例如，我们曾在第 1 章中介绍了如何使用贝叶斯定理来识别欺诈交易。

图 4-2 中的树形可以被看作贝叶斯学习的一个例子。在没有特征信息的情形下，在训练集中抽得贷款为良好的概率为 0.827 6，而以贷款为良好作为条件，$FICO > 716$ 的概率为 0.207 9，$FICO > 716$ 的无条件概率为 0.189 3。根据贝叶斯定理，在 $FICO > 716$ 的条件下，贷款为良好贷款的条件概率为：

$$\text{Prob}（良好贷款 | FICO > 716）$$

$$= \frac{\text{Prob}（FICO > 716 | 良好贷款）\times \text{Prob}（良好贷款）}{\text{Prob}（FICO > 716）}$$

$$= \frac{0.207\,9 \times 0.827\,6}{0.189\,3} = 0.908\,9$$

其他（更为复杂）的贝叶斯算法也可用于进一步更新概率。例如，在以下计算步骤中，我们可以计算在 $FICO > 716$ 和收入 $> 48\,710$ 美元的双重条件下，一笔贷款为良好的概率。

朴素贝叶斯分类器是一种以特定方式分类的过程，即对被假定为独立的观测值特征进行分类。如果 C 是一个分类结果，而 x_j 是第 j 个特征（$1 \le j \le m$），依据贝叶斯定理，我们得出：

$$\text{Prob}（C | x_1,\ x_2, \cdots,\ x_m）= \frac{\text{Prob}（x_1,\ x_2,\ \cdots,\ x_m | C）}{\text{Prob}（x_1,\ x_2,\ \cdots,\ x_m）}\text{Prob}（C）$$

$$（4\text{-}4）$$

基于独立假设，该公式简化为：

$$\text{Prob}（C | x_1,\ x_2, \cdots,\ x_m）$$
$$= \frac{\text{Prob}（x_1 | C）\,\text{Prob}（x_2 | C）\cdots \text{Prob}（x_m | C）}{\text{Prob}（x_1,\ x_2, \cdots,\ x_m）}\text{Prob}（C） \qquad （4\text{-}5）$$

这一公式表明，如果我们知道了每个特征在分类条件下的概率，就可以计算出在某个特定的混合特征条件下的分类概率。

举个简单的例子，假设良好贷款为良好的无条件概率为 85%，并且在评估贷款时有三个独立的特征：

- 申请人是否拥有住房（用 H 表示）。如果贷款为良好，申请人拥有住房的概率为 60%，而如果贷款违约，申请人拥有住房的概率为 50%。

- 申请人是否受雇超过一年（用 E 表示）。如果贷款为良好，申请人受雇超过一年的概率为 70%，而如果贷款违约，申请人受雇超过一年的概率为 60%。
- 是否有两个申请人或只有一个申请人（用 T 表示）。如果贷款为良好，存在两个申请人的概率为 20%，而如果贷款违约，存在两个申请人的概率为 10%。

假定一个申请人具备以上三个特征，该申请人拥有一套住房，受雇已经超过一年，同时，她也是同一笔贷款的两个申请人之一。假设申请人的这些特征独立于贷款为良好及贷款为不良的特征：

$$\text{Prob}（良好贷款|H,E,T）=\frac{0.6\times0.7\times0.2}{\text{Prob}（H,E,T）}\times0.85$$
$$=\frac{0.0714}{\text{Prob}（H,E,T）}$$

$$\text{Prob}（不良贷款|H,E,T）=\frac{0.5\times0.6\times0.1}{\text{Prob}（H,E,T）}\times0.15$$
$$=\frac{0.0045}{\text{Prob}（H,E,T）}$$

因为良好贷款的概率和不良贷款的概率之和等于 1[⊖]，所以我们并不需要计算 Prob（H,E,T）的取值，贷款为良好的概率为：

$$\frac{0.0714}{0.0714+0.0045}=0.941$$

⊖ 即 Prob（良好贷款|H,E,T）+ Prob（不良贷款|H,E,T）=（0.0714+0.0045）/ Prob（H,E,T）=1，从而 Prob（H,E,T）=1/（0.0714+0.0045）。

而不良贷款概率为：

$$\frac{0.004\,5}{0.071\,4+0.004\,5}=0.059$$

对于一个满足三个特征的申请人而言，贷款为良好的概率从 85% 上升到稍高于 94%。

我们也可以使用具有连续分布的朴素贝叶斯分类器。考虑第 3 章中的数据，使用 FICO 评分和收入这两个特性来生成关于贷款的预测，我们假设这些特征独立于贷款为良好以及贷款为不良。[⊖]表 4-7 显示了以良好贷款、不良贷款为条件的 FICO 评分和收入的均值与标准差。

表 4-7　根据贷款结果统计出的 FICO 评分和收入数据（收入以千美元计）

贷款结果	FICO 均值	FICO 标准差	收入均值	收入标准差
良好贷款	696.19	31.29	79.83	59.24
不良贷款	686.65	24.18	68.47	48.81

假设某人的 FICO 评分为 720，收入为 100（以千美元计）。以良好贷款为条件，FICO 评分的均值为 696.19，标准差为 31.29。假设正态分布，以良好贷款为条件的个人 FICO 评分的概率密度为：

$$\frac{1}{\sqrt{2\pi}\times31.29}\exp\left(-\frac{(720-696.19)^2}{2\times31.29^2}\right)=0.009\,54$$

同样，假设正态分布，以良好贷款为条件的收入概率密度为：[⊖]

⊖　这里的独立性假设是一种近似。对于不良贷款，FICO 与收入之间的相关性约为 0.07；对于良好贷款，其相关性约为 0.11。

⊖　这里关于收入，最好假设为对数正态分布，我们没有这样做是为了简化示例。

$$\frac{1}{\sqrt{2\pi}\times 59.24}\exp\left(-\frac{(100-79.83)^2}{2\times 59.24^2}\right)=0.006\,36$$

在不良贷款条件下，FICO 评分的概率密度为：

$$\frac{1}{\sqrt{2\pi}\times 24.18}\exp\left(-\frac{(720-686.65)^2}{2\times 24.18^2}\right)=0.006\,37$$

类似地，在不良贷款条件下，收入的概率密度为：

$$\frac{1}{\sqrt{2\pi}\times 48.81}\exp\left(-\frac{(100-68.47)^2}{2\times 48.81^2}\right)=0.006\,63$$

由前面得知，贷款为良好的无条件概率为 0.827 6，则贷款为不良的无条件概率为 0.172 4。在 *FICO*=720 以及收入 =100（以千美元计）的条件下，贷款为良好的概率为：

$$\frac{0.009\,54\times 0.006\,36\times 0.827\,6}{Q}=\frac{5.020\times 10^{-5}}{Q}$$

其中 Q 为事件，即 *FICO*=720 以及收入 =100（以千美元计）时出现的概率密度。

在 *FICO*=720 以及收入 =100（以千美元计）的条件下，贷款为不良的条件概率为：

$$\frac{0.006\,37\times 0.006\,63\times 0.172\,4}{Q}=\frac{0.729\times 10^{-5}}{Q}$$

这两个概率加起来必须等于 1，因此我们得知贷款为良好的概率为 5.020/（5.020+0.729），即等于 0.873（注意，我们在此不需要计算 Q）。

当存在大量特征时，朴素贝叶斯分类器很易于使用，该方法基于一组简单假设，而这些假设在实践中可能不太正确。然而，人们发现这种分类方法在很多不同情形下具有很大的实用价值。例如，当使用单词频率作为特征时，该方法在识别垃圾邮件方面非常有效。

4.5　连续目标变量

迄今为止，我们已经讨论了使用决策树来对数据进行分类。我们接下来描述如何使用决策树来预测连续变量的取值。假设根节点的特征为 X，X 的临界值为 Q。我们选择 X 和 Q 对目标训练集预测的均方误差（MSE）进行最小化。换句话说，我们对以下函数进行最小化：

$$\text{Prob}\,(X > Q) \times (MSE \mid X > Q) + \text{Prob}\,(X \leqslant Q) \times (MSE \mid X \leqslant Q)$$

对下一个节点的特征及其临界值的选择也是类似，叶节点的预测值等于叶节点的观测值的平均。

我们将以第 3 章的房价数据为例进行说明。为了简化说明，我们只考虑以下两个特征：

- 总体质量（从 1 到 10）；
- 居住面积（平方英尺）。

（通过在第 3 章中进行的线性回归，这些特征被确定为最重要的特征。）如第 3 章所示，我们将数据（总共 2 908 个观测值）进行了划分，训练集有 1 800 个观测值，验证集有 600 个观测值，测试集有 508 个观测值。训练集的平均房价为 180 817 美元，均方误差为 5 960（以千美元计）。

首先我们确定根节点的特征及其临界值。在保证这两个特征放在根节点的前提下，我们使用迭代搜索来计算它们的最佳临界值，结果如表 4-8 所示。最小的预期均方误差对应的总体质量的最优临界值为 7.5。因此，该特征及其临界值定义了根节点。

表 4-8　最小化预期均方误差的临界值 Q，房价以千美元计（房价案例见 Excel 决策树文件）

特征	Q	观测数量 $\leqslant Q$	观测值的均方误差 $\leqslant Q$	大于 Q 的观测值数量	大于 Q 的观测值的均方误差	E（均方误差）
总体质量	7.5	1 512	2 376	288	7 312	3 166
居住面积	1 482	949	1 451	851	6 824	3 991

接下来，我们确定根节点另一个特征（居住面积）的最佳临界值，这个过程针对在根节点创建的两组观测值中的任意一组，结果如表 4-9 所示。

表 4-9　居住面积（平方英尺）的临界值 Q，使得从根节点派生出的两个树形分支的预期均方误差最小化，为了计算最小均方误差，房价以千美元计（见 Excel 决策树文件）

特征	Q	观测数量	观测值的均方误差	大于 Q 的观测值数量	大于 Q 的观测值的均方误差	E（均方误差）
总体质量 $\leqslant 7.5$	1 412	814	1 109	698	2 198	1 610
总体质量 > 7.5	1 971	165	3 012	123	8 426	5 324

然后，我们计算结合了总体质量和居住面积的四种组合的平均房价，根据结果构建的最终树形如图 4-4 所示。

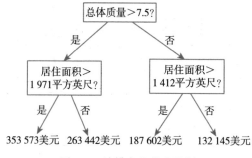

图 4-4　计算房价的决策树

　　表 4-10 比较了训练集和验证集的平均房价，可见该模型通用性很好。验证集和训练集的平均价格之间的最大差异为 3%。测试集房价预测的均方根误差（RMSE）如表 4-11 所示，该数值较大（相当于房价的 25%）。随着更多的特征被考虑以后，树变得更加"浓密"（bushier），我们可以预期这些与估计相关的不确定性将会下降。

表 4-10　训练集和验证集的平均房价比较（见 Excel 决策树文件）

总体质量	居住面积 （平方英尺）	平均价格 （训练集）(美元)	均方根误差 （验证集）(美元)
＞ 7.5	＞ 1 971	353 573	364 288
＞ 7.5	≤ 1 971	263 442	267 439
≤ 7.5	＞ 1 412	187 602	182 288
≤ 7.5	≤ 1 412	132 145	133 689

表 4-11　测试集的平均房价和房价的均方根误差（见 Excel 决策树文件）

总体质量	居住面积 （平方英尺）	平均价格 （测试集）(美元)	均方根误差 （测试集）(美元)
＞ 7.5	＞ 1 971	361 879	89 025

（续）

总体质量	居住面积 （平方英尺）	平均价格 （测试集）（美元）	均方根误差 （测试集）（美元）
＞7.5	≤1 971	277 157	69 445
≤7.5	＞1 412	182 815	49 086
≤7.5	≤1 412	129 953	32 364

我们不必在每个节点仅仅考虑两个备选方案，这是决策树的诱人特点之一。我们可以调整图4-4中的树形，使得每个节点上都有N个分支，其中N＞2。在这种情形下，我们必须确保使得均方误差最小化的N-1个临界值。每个节点的分支数量稍有增加，最终分支末端的叶节点就会变得更多，因此房价的预测也会更准确。但是，这样做会有一个局限：我们不希望有太多的分支，以至于每个最终叶节点的观测数据变得太少，造成预测不可靠。

4.6 集成学习

综合几个不同机器学习算法的预测结果可能比任何一个算法都要好。关于预测的改进取决于算法产生的估计值之间的相关性，如果两种算法总是产生相同的预测，那么使用两种算法显然没有任何额外收获。但是，如果结果有所不同，由两种算法的结果生成的复合预测可能会有一些价值，使用两种或多种算法进行预测的做法被称为**集成学习**（ensemble learning）。

假设你有一个有偏差的硬币。当掷硬币时，有52%的概率出现一个结果（正面或反面朝上），48%的概率出现另一个结果。如果你想知道硬币正面还是反面朝上，你可以掷一次硬币，但这并不能提供太多的信息。如果硬币正面朝上的概率为 52%，掷 1 000 次硬币，大约有 90% 的概率正面朝上多于反面朝上。类似地，如果反面朝上的概率为 52%，那么大约有 90% 的概率你会看到反面朝上，而不是正面朝上。这说明我们可以将 1 000 个弱的学习器结合起来，产生一个更可靠的预测。当然，在这个例子中，这里学习器是相互独立的。在机器学习中，不同的学习算法不太可能是完全独立的，因此预测改进通常不如掷硬币例子那么完美。

当运用集成方法时，通常做法是很直接的。如果我们可以使用多数投票机制对结果进行分类，比如如果我们使用了 7 种不同的算法，其中 5 种算法预测正结果，剩下 2 种算法预测负结果，则最终组合预测结果会为正。如果我们预测一个连续变量的取值，可以使用不同的算法计算预测值，然后再求得平均值。

1. 引导聚集算法

引导聚集算法（bagging）指的是在训练集或特征上随机抽取不同的样本，但运用同一种算法进行训练。我们的训练集可能有 200 000 个观测值，随机抽取 100 000 个观测值，重复 500 次，这样得到训练集的 500 个子集，然后我们用通常的方法在每个子集上对模型进行训练。这里采样通常是用重复抽样的方法来完成的，因此相同的观测结果可能在子集中出现不止一次（如果采样是在不重复抽样的情形下完成的，那么该方法被称为**粘贴法**（pasting method））。

我们还可以通过从特征中进行抽样（不重复）来创建许多新模型。例如，如果共有 50 个特征，我们可以创建 100 个模型，每个模型有 25 个特征。有时模型是通过从特征和观测数据中随机抽样来创建的。

2. 随机森林

顾名思义，**随机森林**（random forest）就是决策树的集合，这些树形通常是通过从特征或观测值中取样（如引导聚集算法）创建的。每个树形都会给出一个次优结果，但总的来说，预测通常会得到改进。

创建随机森林的另一种方法是对特征的临界值进行随机化处理，而不是搜索可能的最佳临界值。这在计算上是有效的，因为在每个节点上找到最佳的特征临界值可能会非常耗时。

随机森林中每个特征的重要性可以通过计算加权平均信息增益（通过熵或基尼测度）来考虑，其权重与节点处考虑的观测数据成正比。

3. 提升算法

提升算法（boosting）是一种预测方法按顺序进行的集成学习方法，每种方法都试图纠正前一种方法中的误差。

考虑之前讨论过的贷款分类问题，我们可以用通常的做法创建第一个分类。然后，我们增加对错误分类观测的权重，并创建一组新的预测，依此类推。这些预测是以通常的方式组合起来的，只是预测的权重取决于其准确性，这个过程被称为

AdaBoost。

梯度提升算法（gradient boosting）不同于 AdaBoost。在每次迭代中，梯度提升算法都会尝试将新的预测建立在前一个预测所产生的误差基础上。假设这里有三次迭代，最后的预测是三个预测值的总和，这是因为第二个预测误差建立在第一个预测中的误差基础上，而第三个预测中的误差等于前两个预测误差的总和。

小 结

决策树是一种分类或预测变量值的算法，其中特征会按重要性顺序被考量。对于分类，不确定性的两个不同度量分别是信息熵和基尼测度。对变量值进行预测时，不确定程度用预测值的均方误差来测量；特征的重要性在于其预期信息增益，这是通过获得有关特征的信息所发生的预期不确定性的减幅来衡量的。

在分类特征的情况下，信息通常通过特征来获取（例如，潜在借款人是拥有住房还是租房）。对于数值特征，我们有必要确定一个（或多个）临界值，定义特征的两个（或多个）范围，这些临界值的确定是为了使得预期的信息增益最大化。

决策树首先使用我们刚才描述的"最大信息增益"准则，以此确定树的最优根节点，然后继续对后续节点执行相同的操作，树的最后一个分支的末端被称为叶节点。当树形被用于分类时，叶节点包含每个类别为正确的概率。当预测一个数值变量时，叶节点会给出目标的均值。树形的几何结构是由训练集决定的，但是与树形准确性有关的统计数据应该（在机器学习中均如此）来自测试集。

有时我们会采用多种机器学习算法来进行预测，最后对结果进行合并，这种做法被称为集成学习。在分类的情况下，我们可以使用投票程序。如果大多数算法预测了一个特定的结果，则可以选择该结果作为预测结果。在对数值变量进行预测的情况下，我们可以对不同算法的结果进行平均，最后生成复合预测结果。

随机森林是通过建立许多不同的树形，并结合我们刚才描述的方法的结果而产生的一种算法。这些树形可以通过从观测值或特征（或两者）中采样来创建，它们也可以通过随机设置临界值来创建。

引导聚集算法是当训练集中的不同观测子集被用于创建多个模型时使用的方法。提升算法是集成算法的一个版本，其中预测模型是按顺序选择的，并且每个模型都被设计用于纠正前一个模型中的误差。在这种分类中，一种方法是增加错误分类的观测值的权重，另一种方法是利用机器学习并根据前一个模型给出的误差来预测。

练习题

1. 预测决策树方法和回归方法的主要区别是什么？
2. 信息熵是如何定义的？
3. 基尼测度是如何定义的？
4. 如何测量信息增益？

5. 如何选择决策树中数值变量的临界值？

6. 朴素贝叶斯分类器的基本假设是什么？

7. 什么是集成学习？

8. 什么是随机森林？

9. 解释引导聚集算法和提升算法的区别。

10. "决策树算法的优点在于其透明"，解释这一说法。

作业题

1. 什么策略对应于图 4-2 中 Z 值为 0.9 的情形。当这个 Z 值用于测试数据时，混淆矩阵是什么？

2. 对于表 4-7 中的朴素贝叶斯分类器的数据，当 $FICO$=660 且收入 = 40 000 美元时，违约概率是多少？

3. Python 练习：类似于第 3 章中最后一道作业题，将良好贷款定义为 "全额支付"（fully paid）而不是 "履约贷款"（current），确定这一定义对于决策树分析的影响，讨论在算法中添加更多特征的效果。

监督学习：支持向量机

本章将讨论另外一种常见的监督学习模型——支持向量机（Support Vector Machine，SVM）。如同决策树模型一样，支持向量机既可以用于分类，也可用于连续变量的预测。

首先我们将考虑线性分类，即利用特征的线性函数将观测对象分成两类。接下来，我们将解释如何实现非线性分离，特别是最后通过对目标函数的反转来进行分类。本章不仅使用 SVM 完成分类，还实现了使用 SVM 回归（SVM regression）来预测连续变量。

5.1 线性 SVM 分类

为了描述线性核函数分类的工作原理，首先考虑一种简单的情况，我们试图通过考虑借款人的信用评分和收入两个特征，将贷款分为良好贷款和不良贷款。表 5-1 包含一些少量数据，这是一个均衡的数据集，表中同时有 5 个良好贷款和 5 个不良贷款。SVM 处理严重不平衡数据的能力很差，我们可以使用第 3.10 节中提到的程序来纠正这种情况。

表 5-1　支持向量机实例：小规模信贷数据集

信用评分	调整后信用评分	收入 （千美元）	不良贷款 = 0 良好贷款 = 1
660	40	30	0
650	30	55	0
650	30	63	0
700	80	35	0
720	100	28	0
650	30	140	1
650	30	100	1
710	90	95	1
740	120	64	1
770	150	63	1

　　第一步需要对数据进行标准化，让每个特征的权重相同。针对表中的数据，我们可以使用一种简单方法，即从信用评分中减去 620。调整后的信用评分范围为 30 ~ 150，且收入范围为 28 ~ 140，从而基本实现了数据标准化。

　　图 5-1 是该小规模信贷数据集的分布图，其中不良贷款（圆圈）比起良好贷款（正方形）更接近原点。如图中虚线所示，我们可以通过一条直线把观测结果分成两组。线的右上

方的贷款属于良好贷款，而线的左下方的贷款是不良贷款（注意，这仅是一个理想化的例子，稍后将会讨论，如图 5-1 所示的"完美分离"在一般意义下是不存在的）。

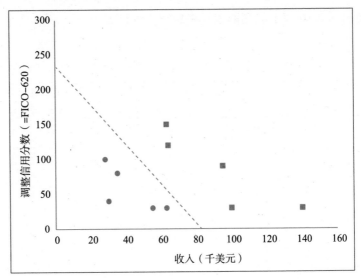

图 5-1　表 5-1 数据集（圆圈代表不良贷款，方块代表良好贷款）

我们可以左右移动图 5-1 中的直线，又或者稍微改变它的梯度，该直线仍然可以完美分离两类不同的观测结果。而与此前不同的是，支持向量机使用的是一条路径，而不是一条直线来分离观测结果。据此设定，最优分离的定义则是具有最大宽度的路径，而图 5-2 所示即该数据集的最优路径。请注意，根据该最优路径添加更多观测结果（即路径右上方为良好贷款，左下方为不良贷款）并不会影响最优路径。临界点是那些在路径边缘的点，这些点被称为支持向量（support vector）。图 5-2

中路径边缘的点，也就是支持向量对应表 5-1 中第 3 个、第 7 个和第 9 个观测对象。

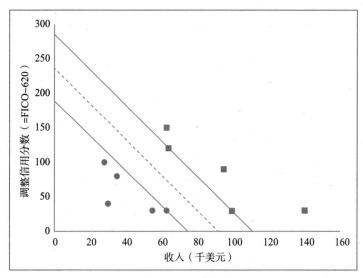

图 5-2　表 5-1 中数据的最优路径

　　为了说明在两种特征情况下如何确定最优路径，我们假设特征为 x_1 和 x_2，路径的上边缘和下边缘的方程为：[⊖]

$$w_1x_1 + w_2x_2 = b_u \tag{5-1}$$

以及：

$$w_1x_1 + w_2x_2 = b_d \tag{5-2}$$

其中，w_1、w_2、b_u 和 b_d 是常数，这些数值定义如图 5-3 所示。

⊖　在其他书中，对于这个问题，b_u 和 b_d 通常取相反的符号。注意，这只是一个符号问题，对模型本身并没有影响。

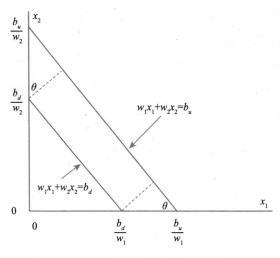

图 5-3 一般情况下路径宽度计算

定义一个图 5-3 中可见的 θ 角，在图 5-3 包含 θ 角的下三角形中，路径宽度 P 可以写成：

$$P = \left(\frac{b_u}{w_1} - \frac{b_d}{w_1}\right)\sin\theta = \left(\frac{b_u - b_d}{w_1}\right)\sin\theta \qquad (5\text{-}3)$$

得出：

$$\sin\theta = \frac{Pw_1}{b_u - b_d} \qquad (5\text{-}4)$$

在包含 θ 的上三角形中，路径的宽度 P 也可以写成：

$$P = \left(\frac{b_u}{w_2} - \frac{b_d}{w_2}\right)\cos\theta = \left(\frac{b_u - b_d}{w_2}\right)\cos\theta \qquad (5\text{-}5)$$

得出：

$$\cos\theta = \frac{Pw_2}{b_u - b_d} \qquad (5\text{-}6)$$

因为 $\sin^2\theta + \cos^2\theta = 1$：

$$\left(\frac{Pw_1}{b_u - b_d}\right)^2 + \left(\frac{Pw_2}{b_u - b_d}\right)^2 = 1$$

得出：

$$P = \frac{b_u - b_d}{\sqrt{w_1^2 + w_2^2}}$$

我们可以将 w_1、w_2、b_u、b_d 按照相同倍数进行等比例缩放，而不改变路径的上下边界方程。因此，在不失一般性的情况下，我们可以设置：

$$b_u = b + 1$$

以及：

$$b_d = b - 1$$

参数 b 定义了路径的中心线并且：

$$P = \frac{2}{\sqrt{w_1^2 + w_2^2}}$$

我们可以将 $\sqrt{w_1^2 + w_2^2}$ 进行最小化，或者对（$w_1^2 + w_2^2$）进行最小化来实现 P 的宽度最大化。此优化过程受制于该路径将观测结果分为两类的约束条件。

对于表 5-1 中的例子，我们可以令变量 x_1 等于收入，变量 x_2 等于信用评分。所有的良好贷款必须在这条路径的右上方，而所有的不良贷款必须在这条路径的左下方。这意味着，良好贷款的收入和信用评分必须满足：

$$w_1 x_1 + w_2 x_2 \geq b + 1$$

而如果贷款不良，则必须满足：

$$w_1 x_1 + w_2 x_2 \leq b - 1$$

因此，从表 5-1 中可得到：

$$30w_1 + 40w_2 \leq b - 1$$

$$55w_1 + 30w_2 \leq b - 1$$

$$63w_1 + 30w_2 \leq b - 1$$

$$35w_1 + 80w_2 \leq b - 1$$

$$28w_1 + 100w_2 \leq b - 1$$

$$140w_1 + 30w_2 \geq b + 1$$

$$100w_1 + 30w_2 \geq b + 1$$

$$95w_1 + 90w_2 \geq b + 1$$

$$64w_1 + 120w_2 \geq b + 1$$

$$63w_1 + 150w_2 \geq b + 1$$

根据这些约束条件，对 $w_1^2 + w_2^2$ 进行最小化，得到 $b = 5.054$，$w_1 = 0.054\,05$，$w_2 = 0.021\,62$。以此参数定义了图 5-2 中的路径，其中路径的宽度 P 是 34.35。

因此，图 5-2 中的虚线（中间那条线）为：

$$0.054\,05x_1 + 0.021\,62x_2 = 5.054$$

这条线可用于区分良好贷款和不良贷款。

我们所做的分析可以扩展到两个以上的特征。如果有 m

个特征，则目标函数最小化为：

$$\sum_{j=1}^{m} w_j^2$$

如果 x_{ij} 是第 i 个观测对象的第 j 个特征的值，当观测对象 i 的结果为正时（在我们的示例中，发生在贷款没有违约时），必须满足的约束条件为：

$$\sum_{j=1}^{m} w_j x_{ij} \geq b+1$$

当观测对象 i 的结果为负时（在我们的示例中，发生在贷款违约时），必须满足的约束条件为：

$$\sum_{j=1}^{m} w_j x_{ij} \leq b-1$$

对于一定的有约束条件的优化问题，有时我们需要使用二次规划法。

5.2 关于软间隔的修改

截至目前，我们所讨论方法可以被称为**硬间隔分类**（hard margin classification），因为该方法完美地划分了观测对象，没有任何数据点离群。在实际情况中，通常所有可能的路径都存在一些离群点（即我们放松要求，允许一些点被划分错误）。这个问题随后被称为**软间隔分类**（soft margin classification），其特点就是在路径的宽度和离群的严重程度之间进行权衡。随着路径变得更宽，离群行为就会变得更严重。

继续沿用 x_{ij} 表示第 i 个观测对象的第 j 个特征的符号，我

们对于正观测对象, 定义:

$$z_i = \max\left(b+1-\sum_{j=1}^{m} w_j x_{ij},\ 0\right)$$

对于负观测对象, 定义:

$$z_i = \max\left(\sum_{j=1}^{m} w_j x_{ij} - b + 1,\ 0\right)$$

变量 z_i(又称为松弛因子)所度量的是第 i 项对上一节末尾所介绍的硬间隔的离群偏离程度。

在机器学习算法中, 我们引入了超参数 C, 用它来定义路径宽度和离群偏离程度的取舍(又称为惩罚因子)。最小化目标函数为:[注]

$$C\sum_{i=1}^{n} z_i + \sum_{j=1}^{m} w_j^2$$

式中, n 是观测值的个数。如同硬间隔的情况, 优化问题可以用二次规划方法来解决。

为了说明软间隔分类问题, 我们更改表 5-1 中的实例, 如下所示:

(1)第 2 笔贷款的调整后信用评分是 140 分, 而不是 30 分;

(2)第 8 笔贷款的收入是 60 美元, 而不是 95 美元。

不同 C 值对应的结果如表 5-2 所示。例如, 当 $C = 0.1$ 时, 路径的中分直线的方程式为:

[注] 这是使用 SVM 回归的标准方法, 如果我们关心离群次数而不是离群程度, 可以用离群次数来代替 $\sum_{i=1}^{n} z_i$。这对于 Lending Club 公司的数据更有效(参见本章作业题 2)。

$$0.054w_1 + 0.0226w_2 = 5.05$$

当采用这一直线来区分良好贷款和不良贷款时，我们会将一笔贷款（10%）的分类搞错。

表 5-2 是对表 5-1 中的数据进行 SVM 回归处理后的结果，这里第 8 笔贷款的信用评分和收入都有变化，该表展示了 Python 计算结果。由 Excel 得出的结果与该表格相似，但对于此类问题，由于 Excel 求解方程功能的精度的特性，Excel 结果的精度也许没有 Python 的精度好。⊖

表 5-2　对表 5-1 的数据进行 SVM 回归处理后的结果（见 Excel 文件）

C	w_1	w_2	b	贷款分类错误	间隔宽度
0.01	0.054	0.022	5.06	10%	34.3
0.001	0.040	0.012	3.33	10%	48.2
0.000 5	0.026	0.010	2.46	10%	70.6
0.000 3	0.019	0.006	1.79	20%	102.2
0.000 2	0.018	0.003	1.69	30%	106.6

5.3　非线性分离

到目前为止，我们假设将观测值分为两类的路径是观测值特征的线性函数。现在，我们来研究一下如何放宽这一假设。

图 5-4 提供了一个示例，其中只有两个特征 x_1 和 x_2。非线性边界比线性边界更有效。寻找非线性边界的一般方法是对特征进行变换，从而使本章所介绍的线性模型可用。

⊖ 注意，在 Sklearn 的 SVM 软件包中，目标函数被设定 $C\sum_{i=1}^{n} z_i + 0.5\sum_{j=1}^{m} w_j^2$，输入值 C 的取值应该是表 5-2 中取值的一半。

图 5-4　适用非线性分离的数据示例（圆圈和星星代表不同类
　　　　别的观测结果）

作为这种方法的一个简单例子，假设我们引入借款人的
年龄（周岁）A 来作为贷款分类的一个特征。我们假设对于
$A < 23$ 和 $A > 63$，年龄的影响是负面的（更有可能贷款违
约），而对于 $23 \leqslant A \leqslant 63$，年龄的影响是正面的。线性路径
处理年龄变量的性能不是很好。

一个想法是用某个新变量来替换 A：

$$Q = (43-A)^2$$

如果信用度对年龄的依赖关系更接近于二次函数而不是线性函
数，那么转换后的变量将比原始变量 A 更适合作为特征。

我们可以通过现有的特征，创建一些功能来扩展这个想
法。例如，对于贷款分类，我们可以创建收入的平方、收入的
立方、收入的四次方等特征。

另一种转换特征以实现线性的方法是使用众所周知的高斯
径向基函数（radial bias function，RBF）。假设观测数据具有
n 个特征。我们在 n 维空间中选择若干个地标。这些可以（但
不需要）与观测值的特征相对应。对于每一个地标，我们都定

义了一个新的特征，该特征可以捕捉到从该地标到观测值的距离。假设地标处的特征为 l_1, l_2, $\cdots$, l_m，一个观测值的特征是 x_1, x_2, $\cdots$, x_m，则从这个观测值到地标的距离为：

$$D = \sqrt{\sum_{j=1}^{m}(x_j - l_j)^2} \qquad (5\text{-}7)$$

为观测建立的新的 RBF 特征为：

$$\exp(-\gamma D^2)$$

参数 γ 决定了新特征的值如何随着地标的距离增加而下降。随着 γ 的增加，下降的速度越来越快。

在图 5-4 这样的情况下，使用许多地标或者引入特征的幂作为新特征，通常会导致线性分离，其缺点是特征的数量增加了，模型变得更加复杂。⊖

5.4　关于连续变量的预测

支持向量机（SVM）可以用来预测连续变量的取值，称为 SVM 回归。⊖我们试图找到一个包含尽可能多的观测结果的路径，而不是试图在两个类别之间找到尽可能大的路径，同时限制离群行为。

考虑这样一种情况，即目标 y 仅由一个特征 x 来估计。目

⊖ 可以通过核函数技巧来减少计算复杂度，具体见：J. H. Manton Amblard and P.-O. "A Primer on Reproducing Kernel Hilbert Spaces," https://arxiv.org/pdf/1408.0952v2.pdf。

⊖ 有时 SVM 回归也被称作支持向量回归（support vector regression, SVR）。——译者注

标的值在垂直轴上，特征的值在水平轴上。路径的垂直半宽度
由超参数 e 设定，我们假设路径的中心为：

$$y = wx + b$$

这种情况如图 5-5 所示。如果第 i 个观测值位于路径内，
则认为没有误差。如果它位于路径外，则误差 z_i 为该观测值到
路径边缘的垂直距离。选择最小化的路径：

$$C\sum_{i=1}^{n} z_i + w^2$$

式中，C 为超参数。w^2 项可以被看作正则化的一种形式，稍后
我们将对此进行解释。

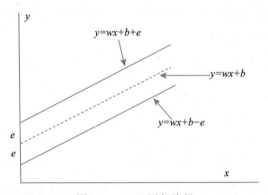

图 5-5　SVM 回归路径

当数据具有 m 个特征为 x_j 时（$1 \leqslant j \leqslant m$），该路径由两
个超平面组成，两个超平面的距离为 $2e$。⊖ 超平面的方程是：

___

⊖　例如，当有两个特征时，目标与特征之间存在三维关系，路径由两个平行
　　平面组成。当存在 n（> 2）个特征时，目标与特征之间的关系在 $n+1$ 维
　　空间中。

$$y = \sum_{j=1}^{m} w_j x_j + b + e \qquad (5\text{-}8)$$

以及：

$$y = \sum_{j=1}^{m} w_j x_j + b - e \qquad (5\text{-}9)$$

目标函数为：

$$C\sum_{i=1}^{n} z_i + \sum_{j=1}^{m} w_j^2$$

式中第二项的调节能力随着 w 的减小而变得明显，同时减少模型复杂度，这样可以避免较大规模的正负值权重。[⊖]

考虑一项根据居住面积（平方英尺）来估算房价的任务，我们试图找到一条和图 5-5 一样的路径。图 5-6 为 $e = 50\,000$ 和 $C = 0.01$ 时训练集的结果，图 5-7 为 $e = 100\,000$ 和 $C = 0.1$ 时训练集的结果。对房价的预测是这两条线之间的中点。

支持向量机回归不同于简单的线性回归，这是因为：

- 目标与特征之间的关系不是一条直线，而是一条路径；
- 当观测值位于路径内时，预测误差为零；
- 通过计算与特征值相匹配的目标值至路径内最靠近的点的距离来定义路径外观测值的误差；
- 目标函数包含正则化的因素。

我们可以扩展支持向量机回归，通过创建新的特征作为原始特征的函数，使其成为非线性的。方法与第 5.3 节中非线性

⊖　其效应可以类比为岭回归中包含的额外项（见第 3 章）。

分类讨论的方法相似。

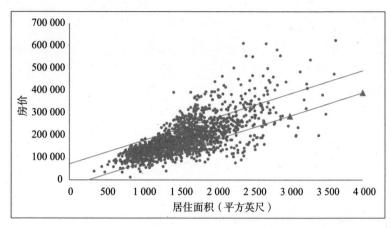

图 5-6　根据居住面积预测房价时训练集的结果，$e = 50\ 000$，$C = 0$（见 SVM 回归 Excel 文件的计算）

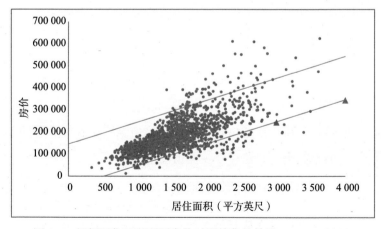

图 5-7　根据居住面积预测房价时训练集的结果，$e = 100\ 000$，$C = 0.01$（见 SVM 回归 Excel 文件的计算）

小 结

支持向量机能够通过推导得出的路径来对观测结果进行分类。在最简单的情况下，路径每一边的方程都是特征的线性函数，所有的观测都被正确分类。这被称为硬间隔分类。然而，完美的分离通常是不可能的，这就需要在通道的宽度和允许离群程度之间进行权衡。对于不位于路径正确一侧的观测值，离群程度是通过计算观测值与正确分类的位置之间的最短距离来衡量的。

通过处理特征值的函数而不是特征值本身，路径可以将所有观测值用非线性方法分为两类。我们已经讨论了创建新特征的可能性，即特征值的二次方、三次方、四次方等。或者，我们可以在特征空间中创建具有新特征的地标，这些新特征是距离地标的观测距离的函数。

支持向量机回归是利用支持向量机分类的思想来预测连续变量的值。根据观测值创建路径，如果观测目标值在路径内，则假设没有预测误差；如果是在路径外，则预测误差为目标值与其最近的路径内的目标值之间的距离。路径在目标值方向上的宽度由用户指定。在平均预测误差和正则化的数量之间存在权衡。

练习题

1. SVM 分类的目的是什么？

2. 硬间隔分类和软间隔分类有什么区别？

3. 以权值 w 表示的具有 m 个特征的线性分类路径的上下界的方程是什么？特征是什么？

4. 当权重增加时，路径的宽度会发生什么变化？

5. 当分配给离群的成本增加时，路径的宽度会发生什么变化？

6. 如何在软间隔线性分类中衡量离群的程度？

7. 如何将线性分类方法扩展到非线性分类？

8. 什么是地标？什么是高斯径向基函数？

9. 解释支持向量机回归的目的。

10. 支持向量机回归和简单线性回归的主要区别是什么？

作业题

1. 如果改变表 5-1 中的数据，使第 3 笔贷款为良好贷款而第 8 笔贷款为不良贷款，则表 5-2 如何变化？

2. 对 Lending Club 公司的数据使用 SVM，并与逻辑回归结果进行比较。使用包含离群数量而非离群程度的目标函数（见本章第二个页下注）。

MACHINE LEARNING
IN BUSINESS
第6章

监督学习：神经网络

人工神经网络（artificial neural network，ANN）是一种强大的机器学习算法，在商业和其他诸多领域中都有着广泛的应用，该算法通过函数网络学习目标和特征之间的关系。任何连续的非线性关系（函数）都可以用人工神经网络近似到任意精度。

在本章中，我们首先解释 ANN 算法。然后，我们将讨论一下算法应用，并解释如何将其基本思想扩展到所谓的卷积神经网络和递归神经网络。

6.1 单层神经网络

考虑在第 4.5 节中我们曾讨论过的由两个特征来预测房价的问题：

- 总体质量；
- 居住面积（平方英尺）。

图 6-1 显示了一个简单的神经网络，它有三层：输入层（input layer）由两个特征组成，输出层（output layer）由房价组成，隐藏层（hidden layer）由三个神经元组成，参数和变量如图 6-1 所示：

- w_{jk} 是一个模型参数。它是连接第 j 个特征和第 k 个神经元的权重。因为有两个特征和三个神经元，所以在图 6-1 中总共有 6 个这样的权重（图上只标注了两个）；
- u_k 是一个模型参数，它是连接第 k 个神经元和目标值的权重；
- V_k 是第 k 个神经元的取值，该取值是由模型计算得到的。

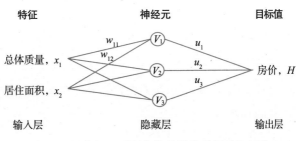

图 6-1　一个用于预测房价的简单单层神经网络

这里的神经网络就是指将 V_k 和 x_j 进行关联，进而将 V_k 和房价 H 进行关联。这里的关键点是，神经网络并没有把 H 和 x_j 直接联系起来，而是把 H 和 V_k 联系起来，再把 V_k 和 x_j 联系起来。用来定义 V_k 和 x_j 关系的函数被称为激活函数（active function）。一个普遍使用的激活函数是 Sigmoid 函数，对于它与逻辑回归的关联，我们已在第 3 章中介绍过（见图 3-10）。⊖

这个函数是：

$$f(y) = \frac{1}{1 + e^{-y}}$$

对 y 的任意取值，函数值均在 0 和 1 之间。我们列式为：

$$V_k = f(a_k + w_{1k}x_1 + w_{2k}x_2)$$

式中，a_k 是这个公式中的一个参数（被称为偏置），公式为：

$$V_1 = \frac{1}{1 + \exp(-a_1 - w_{11}x_1 - w_{21}x_2)}$$

$$V_2 = \frac{1}{1 + \exp(-a_2 - w_{12}x_1 - w_{22}x_2)}$$

$$V_3 = \frac{1}{1 + \exp(-a_3 - w_{13}x_1 - w_{23}x_2)}$$

为了将目标数据（如 H 与 V_k）关联起来，我们通常使用线性激活函数：

$$H = c + u_1V_1 + u_2V_2 + u_3V_3$$

这里的参数 c 为偏置。

神经网络通常会涉及大量的参数。即使在图 6-1 中的简单公式中，对应的参数总数为 13 个，其中有 6 个权重 w_{jk}、3 个偏置值 a_k、3 个权重 u_k 和 1 个额外的偏置 c。

⊖ 其他经常采用的激活函数包括：

（1）双曲正切函数 $\tanh(y) = (e^{2y}-1)/(e^{2y}+1)$，函数取值介于 -1 和 $+1$ 之间。

（2）Relu（rectified linear unit）函数，即 $\max(y, 0)$。

我们再来看另一个简单的神经网络的例子,考虑在第 3 章中,使用 4 个特性,将贷款分类为"良好"和"不良"分类的情形:

- 信用评分;
- 收入(以千美元计);
- 债务 – 收入比;
- 房屋所有权(1= 拥有;0= 租房)。

图 6-2 显示了具有一个隐藏层的神经网络。这与图 6-1 中的设定方式相同,只是我们没有使用线性激活函数将目标与 V_k 关联起来。我们要求目标在 0 和 1 之间,所以很自然地使用另一个 Sigmoid 函数,并从 V_k 中计算最终目标值。良好贷款的概率为:

$$Q = \frac{1}{1+\exp(-c-u_1V_1-u_2V_2-u_3V_3)}$$

在图 6-2 中,参数数量为 19。

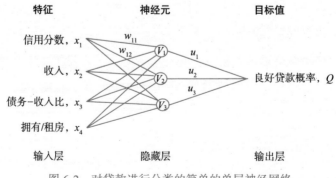

图 6-2 对贷款进行分类的简单的单层神经网络

图 6-1 和图 6-2 中所示的神经网络有一个单一的隐含层，该隐含层包含 3 个神经元。在实践中，单层神经网络通常有 3 个以上的神经元。机器学习领域有一个结果，被称为万能近似定理（universal approximation theorem），它表明任何连续函数都可以被具有单个隐含层的神经网络近似到任意精度。⊖ 然而，要做到这一点，我们可能会需要大量的神经元，使用多个隐藏层以提高计算效率。

6.2　多层神经网络

图 6-3 显示了多层人工神经网络的一般设置。在图 6-1 和图 6-2 中，在特征和目标之间都有一组中间变量（即有一个隐藏层）。在图 6-3 中，神经网络总共有 L 个隐藏层，所以会有 L 组中间变量。特征值 x_j（$1 \leqslant j \leqslant m$）的定义与之前相似。我们假设神经网络的每一层共有 K 个神经元。第 l 层的神经元的取值被记为 V_{lk}（$1 \leqslant k \leqslant K$，$1 \leqslant l \leqslant L$）。

如图 6-3 所示，输出层可以有多个目标。单目标函数用于衡量模型对训练集对应目标的预测效果。在单个数值目标的情况下，分析师通常会对整个训练集的均方误差进行最小化。对于多个目标情形，目标函数可以是目标的（可能加权）均方误差之和。当采用神经网络进行分类时，可以采用逻辑回归，同时使用最大似然法。

⊖　See K. Hornik，"Approximation Capabilities of Multilayer Feed forward Networks" *Neural Networks*，1991，4，251-257.

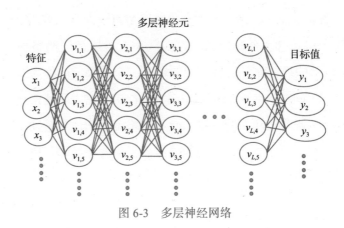

图 6-3　多层神经网络

图 6-3 中的每一个连线都有相应的权重，激活函数用于：

- 将第一个隐含层神经元的值与特征取值关联，比如将 V_{1k} 与 x_j 相关联。
- 将隐藏层 $l+1$ 神经元的值与隐藏层 l 神经元的值（$1 \leqslant l \leqslant L-1$）相关联。
- 将目标值与最终隐藏层中的值关联（比如将 y 与 V_{Lk} 关联）。

之前介绍的 Sigmoid 函数，常常会被用于前两个步骤。如前一节所述，对于最后一步，线性激活函数通常会被选用来进行数值模拟，而 Sigmoid 函数通常会被用来做分类。

对于解决特定问题，我们通常要经过反复试验来确定隐藏层的数目和每个隐藏层的神经元数量。在通常情况下，隐藏层和神经元会增加，直到发现进一步的增加几乎不能提高准确性时为止。

神经网络对应大量的模型参数。假定神经网络总共有 F 个特征、H 个隐含层，每个隐含层有 M 个神经元、T 个目标参数，那么神经网络对应参数的数量为：

$$(F+1)M + M(M+1)(H-1) + (M+1)T$$

例如，在一个具有 3 个隐藏层、4 个特征的神经网络中，假定每层对应 80 个神经元、1 个目标值，该神经网络会有 13 441 个参数。这自然会导致我们稍后将要讨论的过度拟合问题。

6.3　梯度下降算法

当采用神经网络对目标数据进行预测时，我们可以用梯度下降算法来实现均方误差的最小化。我们曾在第 3 章中简要概述了该方法。首先，我们需要选择一组初始参数值，然后进行迭代，通过改变这些参数来逐步改进目标函数。

为了说明梯度下降算法，我们举一个简单的例子。再次考虑表 1-1 中关于工资随年龄变化的数据（见表 6-1），我们假定以下一个简单线性（并不是很好）模型：

$$y = bx + \varepsilon$$

式中，y 表示工资，x 表示年龄，ε 表示误差，这里只有一个参数 b。均方误差 E 由以下表达式给出：

$$E = \frac{1}{10} \sum_{i=1}^{10} (y_i - bx_i)^2 \tag{6-1}$$

式中，x_i 和 y_i 对应第 i 个观测值中的年龄和工资。

表 6-1　某行业从事某一特定职业的 10 个随机抽样工资

年龄（岁）	工资（千美元）
25	135
55	260
27	105
35	220
60	240
65	265
45	270
40	300
50	265
30	105

如第 3 章所述，使 E 最小化的参数 b 的值可以通过解析式来计算。在这里，我们将展示如何使用梯度下降算法。图 6-4 给出了均方误差 E 以 b 为变量的函数表达式，此算法的目的是求出图 6-4 中谷底 b 的值。

我们一开始任意选定初始值，设 $b=1$，求导得出，E 对 b 的梯度为：[⊖]

$$-\frac{1}{5}\sum_{i=1}^{10}x_i(y_i-bx_i) \tag{6-2}$$

将 $b=1$ 代入，使用表 6-1 中的数据，得到梯度为 $-15\,986.2$。这意味着当参数变化为 e 时，均方误差 E 的变化为 $-15\,986.2e$。

⊖　如果没有微积分的基础，我们可以采用以下步骤来计算梯度：

（1）将 b 设定为 1.01，通过式（6-1）得出 E^+；

（2）将 b 设定为 0.99，通过式（6-1）得出 E^-；

（3）计算出梯度为 $(E^+ + E^-)/(2\times0.01)$。

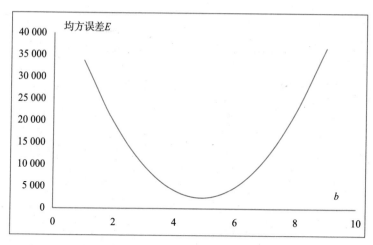

图 6-4　均方误差 E 以参数 b 为变量的函数

一旦我们计算出了 $b = 1$ 处的梯度，我们就可以如图 6-4 所示沿着山谷迈向下一步，这里步伐的大小被称为**学习率**（learning rate）。b 的新取值是由 b 的旧取值通过下面的公式计算得出的：

$$b^{new} = b^{old} - 学习率 \times 梯度 \tag{6-3}$$

在我们的例子中，我们选择学习率等于 0.000 2，因此，由 $b = 1$ 得出 b 的新取值为：

$$b = 1 - 0.000\ 2 \times (-15\ 986.2) = 4.197\ 2$$

当 $b = 4.197\ 2$ 时，利用式（6-2）计算梯度，结果为 $-2\ 906.9$。利用式（6-3），计算第二次迭代后 b 的新取值：

$$b = 4.197\ 2 - 0.000\ 2 \times (-2\ 906.9) = 4.778\ 6$$

我们继续以这种方式来改进 b 的取值。如表 6-2 所示，b 的值很快收敛到 4.907 8，该值（作为简单的线性回归验证）就

是使 E 达到最小化的取值。

表 6-2　当学习率为 0.000 2 时，由迭代得出的 b 值

迭代	b 值	梯度	b 的变化
0	1.000 0	−15 986.20	+3.197 2
1	4.197 2	−2 906.93	+0.581 4
2	4.778 6	−528.60	+0.105 7
3	4.884 3	−96.12	+0.019 2
4	4.903 6	−17.48	+0.003 5
5	4.907 1	−3.18	+0.000 6
6	4.907 7	−0.58	+0.000 1
7	4.907 8	−0.11	+0.000 0
8	4.907 8	−0.02	+0.000 0
9	4.907 8	−0.00	+0.000 0

在这个例子中，我们选择的学习率为 0.000 2，这个选择比较适度。学习率过低会导致收敛速度非常缓慢，而学习率过高可能会导致迭代完全不收敛。表 6-3 和表 6-4 通过使用学习率分别为 0.000 01 和 0.000 5 说明了这一点。在实践中，我们也许需要通过试错法来选择学习率，但是业界已经开发了优化学习率的程序，简化了学习率选择过程。⊖

表 6-3　当学习率为 0.000 01 时，由迭代得出的 b 值

迭代	b 的值	梯度	b 的变化
0	1.000 0	−15 986.20	+0.159 9
1	1.159 9	−15 332.24	+0.153 3

⊖ See, for example, M. Ravaut and S. K. Gorti, "Faster Gradient Descent via an Adaptive Learning Rate," http://www.cs.tor.edu/~mravox/p4.pdf.

（续）

迭代	b 的值	梯度	b 的变化
2	1.313 2	−14 705.03	+0.147 1
3	1.460 2	−14 103.47	+0.141 0
4	1.601 3	−13 526.53	+0.135 3
5	1.736 5	−12 973.18	+0.129 7
6	1.866 3	−12 442.48	+0.124 4
7	1.990 7	−11 933.48	+0.119 3
8	2.110 0	−11 445.31	+0.114 5
9	2.224 5	−10 977.10	+0.109 8

表 6-4　当学习率为 0.000 5 时，由迭代得出的 b 值

迭代	b 的值	梯度	b 的变化
0	1.000 0	−15 986.20	+7.993 1
1	8.993 1	16 711.97	−8.356 0
2	0.637 1	−17 470.70	+8.735 3
3	9.372 5	18 263.87	−9.131 9
4	0.240 5	−19 093.05	+9.546 5
5	9.787 1	19 959.87	−9.979 9
6	−0.192 9	−20 866.05	+10.433 0
7	10.240 1	21 813.37	−10.906 7
8	−0.666 5	−22 803.69	+11.401 8
9	10.735 3	23 838.98	−11.919 5

多参数

在对于多个参数进行估算时，每次迭代中的所有参数值都会有所变化。为了保证梯度下降算法能够继续工作，特征值应该按第 2.1 节中描述的那样来进行规范化。一个参数的 θ 值的变化等于：

$$- \text{学习率} \times \text{梯度}$$

和之前类似，在这种情况下，我们使用梯度，它等于目标函数关于 θ 的变化率。利用微积分，梯度等于 E 对于 θ 的偏导数。

假设，在梯度下降算法中的某一点有两个参数，其中一个参数方向的梯度是另一个参数方向的梯度的 10 倍，第一个参数的变化将是第二个参数的变化的 10 倍。

当神经网络涉及大量的参数时，确定适用于每个参数的梯度可能会非常耗时。幸运的是，我们可以找到一条捷径，⊖ 这就是所谓的反向传播（backpropagation）算法，它涉及从网络的末端到开始计算所需的偏导数。本章的附录 6A 将对这种方法做出解释。

6.4 梯度下降算法的变形

到目前为止，我们所描述的梯度下降算法有时计算速度可能很慢，并且可能导致只能计算出局部最小值。如图 6-5 中的情况，如果从点 A 开始，可以在点 B 达到局部最小值，而全局最小值在点 C 处。为了加速学习过程并避免局部的最小值化，在基本的梯度下降算法的基础上，可以提出几种改进的梯度下降的方式。例如：

- 小批量随机梯度下降（mini-batch stochastic gradient descent）。这种做法会随机地将训练集分割为被称为迷你批量的小

⊖ See D. Rumelhart, G. Hinton, and R. Williams, " Learning Internal Representations by Error Propagation, *Nature*, 1986, 323, 533-536.

子集，此方法将不再使用整个训练数据来计算梯度，而是从单个小批量计算的梯度来更新模型参数，并依次使用每个迷你批量集。由于该算法使用小样本的训练数据来估计梯度，因此速度更快。**历元**（epoch）指的是一组迭代，即遍历整个训练集中的每个数据所完成的一次迭代。

- **动量梯度下降**（gradient descent with momentum）。这种方法将过去的梯度按指数衰减移动平均来计算新的梯度，有助于在具有一致梯度的任何方向上建立参数更新的"速度"。

- **具有自适应学习率的梯度下降**（gradient descent with adaptive learning rates）。如表 6-2 ～表 6-4 所示，在迭代过程中，选择一个好的学习率是很重要的。学习率太小会导致许多历元迭代不能达到合理效果；学习率过高可能会导致最终结果振荡和精度不佳。不同的模型参数可能受益于在不同的训练阶段中不同的学习率。前面提到的自适应学习率法可以在每次迭代时调整关于模型参数的学习率。

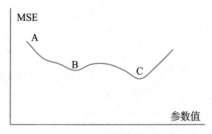

图 6-5 *B* 点为局部最小的情形

6.5　迭代终止规则

　　我们可以认为，算法应该持续进行，直到其参数值不能被改进为止，即迭代应该根据参数的定义持续到目标函数 E 的谷底。在我们之前考虑过的简单例子中，算法确实是这样实现的。事实上，经过 7 次迭代后，我们找到了 b 的最优值，见表 6-2（精确到小数点后 4 位）。

　　在实践中，正如我们所指出的，神经网络中可能有上万个参数。如果在 E 实现了最小化前持续改变参数，这样做即使可行，也会导致非常复杂的模型和过度拟合。正如第 1 章所述，我们持续地把数据拟合到机器模型中，使模型更加复杂，直到验证集的结果与训练集的结果出现不同为止。因此，当我们增加迭代循环次数时，要计算对应于验证集和训练集的 E 函数。

　　图 6-6 展示了神经网络模型的一个应用结果。可以看出，从训练集得到的模型可以很好地拟合到约 300 历元的验证集中。

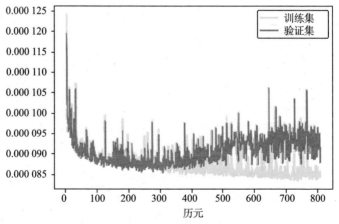

图 6-6　训练集与验证集的均方误差

经过 300 历元验证后，验证集与训练集出现分歧。因此，最佳停止点似乎是在 300 历元，超过 300 历元就会产生一个更复杂的模型，但不能很好地被用于泛化（当然，分析师只能当模型的训练过程要远远超过 300 历元时，才能知道最佳决策是应在 300 历元时停止）。

6.6　应用于衍生产品

神经网络有许多有趣的应用，其中一个就是对金融衍生产品进行估值。

衍生产品是一种金融工具，其价值取决于（或源于）其他更简单的金融产品或变量。欧式看涨期权是一个简单的衍生产品，期权持有人有权在未来某个时间以某个价格购买资产。我们采用著名的布莱克－斯科尔斯（BS）模型可以很快地求出其价值。某些更复杂的衍生产品导数只能用蒙特卡罗模拟来求值，计算速度会非常慢。但是，分析师出于多种原因采用蒙特卡罗模拟来探索衍生产品投资组合的价值如何随时间变化而变化，这导致了一种不可实现的情况——蒙特卡罗模拟中的蒙特卡罗模拟。

为了解决这个问题，分析师可以用神经网络来取代蒙特卡罗估值，从而对复杂衍生产品进行定价。[⊖] 如图 6-3 这样的神经网络被构建后，估值就会很快完成，这里涉及的所有工作都

⊖　See R. Ferguson and A. Green，"Deeply Learning Derivatives，" October 2018，ssrn 3244821.

是通过神经网络向前进行的，从输入开始计算神经元的值，然后得到输出值。这样的计算过程至少比使用蒙特卡罗模拟快上千倍。

建立定价模型的第一步是创建一个大型数据集，将衍生产品的价值与基础资产的价格、利率、波动率等输入关联起来。这是用蒙特卡罗模拟可以完成的，需要很长时间进行计算，但只需要做一次。而在神经网络中，整个数据集按照通常的方式分为训练集、验证集和测试集。神经网络是在训练集上训练的，验证集用以检验模型是否具有良好的泛化能力，测试集用以量化模型的精度。

这一类型的神经网络应用有一点很有趣：分析师可以生成自己所需的数据，因此他们不需要收集和清洗大量的数据。此外，分析师也应该可以复制输出和输入之间的关系，而且误差很小。重要的一点是，该模型认为只有训练集中数据的取值范围是可靠的，但如果将模型外推到其他数据，则很可能会给出非常糟糕的答案。

6.7 卷积神经网络

我们在以上介绍的神经网络中，一层中的一个神经元与上一层中的每一个神经元都相连，但对于很大的网络，这是不可行的。卷积神经网络（convolutional neural network，CNN）通过将一层神经元连接到上一层神经元的一个子集来解决这个问题。

卷积神经网络可用于图像识别、语音识别和自然语言处理。我们可以考虑通过神经网络处理图像，以实现面部识别的任务。通过画水平线和垂直线，一个图像可以被分成许多小矩形，这里的小矩形被称为**像素**（pixel），每个像素都有特定的颜色，并且该颜色与一个数字相关联。即使是最简单的图像也可能由上万个像素组成（由 100 条水平线和 100 条垂直线组成），这就创造了在一个神经网络中的大量输入数据。

在图 6-3 中，每一层都对应一个数字列。当使用 CNN 来进行图像处理时，输入数据是由一个个数字像素组成的矩形阵列，随后的图层是一个矩形的数字网格。图 6-7 显示了第一层网格点的取值如何依赖于输入层像素点的取值。第一层矩形表示单个网格点（或神经元），而输入层的加黑矩形被称为**感受区域**（receptive field），显示了与网格相关的所有像素。后续层中网格点的取值以类似的方式，依赖于前一层中网格点的取值。[⊖]

图 6-7 中第一层的二维点集称为**特征图**（feature map）。一个复杂的情况是，每一层都包含几个特征图，因此必须用三维形状来表示。然而，在一个特征图中，所有的神经元共享相同的权重和偏置，因此会减少整体参数的数量。这样做还有一个优点，即目标的标识不依赖于它出现在输入层的那一部分。

考虑一个 100×100 的黑白图像，图像共有 10 000 个像素。普遍神经网络每层可以产生 $10\ 000^2$ 或 1 亿个参数。在一个感受区域为 10×10 的 CNN 网络中，每层含有 6 个特征图，

⊖　这里会使用填充（padding）技巧，即在图形边缘部分加入一些额外数据，这样可以避免后续层越变越小。

因此，每层只有 6×101，即 606 个参数。

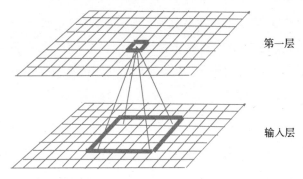

第一层

输入层

图 6-7 第一层网格点取值与 CNN 输入层网格点取值的关系

6.8 递归神经网络

在一个简单的人工神经网络中，每个观测值都被单独考虑，而在递归神经网络（recurrent neural network，RNN）中，我们保留了观测值出现的时间序列，因为我们希望允许预测模型随时间而变化。这一点在企业中尤为重要，因为变量之间的关系往往会随着时间而改变。

如我们之前所述，在简单神经网络中，我们通过对 $l-1$ 层神经元值的线性组合应用激活函数，由此计算第 l 层神经元的取值。当我们对一个观测值做了这个运算之后，我们对下一个观测值做同样的运算，但是运算过程没有记忆。

当对 t 时刻的观测进行计算时，线性组合对 $t-1$ 时刻的观测所做的任何计算不留存记忆。

在递归神经网络中，激活函数在时间 t 一共作用于以下两项：

- l-1 层神经元取值的线性组合；
- 第 l 层神经元，在 t-1 时刻观测值的线性组合。

由此我们就可以给神经网络提供记忆。网络中 t 时刻的取值取决于 t-1 时刻的取值，而 t-1 时刻的取值又取决于 t-2 时刻的取值，依此类推。

这样做会造成一个问题，几个时间段之前的取值，对于当前影响可能很小，因为它们被相对较小的数字相乘了若干次。长短期记忆（long short-term memory，LSTM）模型就是用来克服这个困难的。⊖过去的数据有可能直接流向当前网络，算法决定哪些数据应该被使用，哪些数据应该被遗忘。

小　结

人工神经网络是对非线性模型进行数据拟合的一种方法，神经网络输出与输入并不直接关联，网络中的隐藏层中包含很多神经元，第一隐藏层神经元的取值与输入有关；第二隐藏层神经元的取值与第一隐藏层神经元的取值相关，依此类推，而输出是根据最后一层神经元的取值计算出来的。

在神经网络中，定义关系的函数被称为激活函数。正如在逻辑回归中介绍的，Sigmoid 函数常常在下面的情境中被用来作为激活函数，一般对应以下情形：①第一层隐藏层神经元的取值与输入值进行关联；②第 l 隐藏层神经元的取值与第 l-1

⊖ See S.Hochreiter and J. Schmidhuber, "Long Short-Term Memory", *Neural Computation*, 9(8):1735-1780.

隐藏层神经元的取值进行关联。当估算的目标函数为数值时，最终隐藏层与输出神经元之间的激活函数通常是线性的，而在对数据进行分类时，Sigmoid 函数更适合用于最后一步。

梯度下降算法可用于在神经网络中对均方误差进行最小化，计算最小值可以被认为是找到一个曲线的最底部（谷底）。该算法沿着曲线向下走，在每一阶段都沿着最陡的下降线进行迭代。选择正确的步长（即学习速度）是梯度下降算法的一个重要方面。我们已经提到了许多用于提高梯度下降算法效率的方式。

一个神经网络可能涉及对数万个参数进行估计，这种情况并不少见。即使可以找到参数值，能够将用训练集得出的目标函数进行最小化，但这也不一定可取，因为它可能会导致过度拟合。在实践中，我们应用了一个迭代终止规则，当验证集的结果与训练集的结果不一致时，使用梯度下降算法的训练就会终止。

卷积神经网络是神经网络的一种，其中一层的神经元与前一层神经元的一个子集相关，而不是和上一层全部的子集相关，它特别适用于图像识别，其中输入数据由数万（甚至数百万）像素的颜色定义。递归神经网络也是人工神经网络的一种，特别适用于预测输出的模型预计会随时间变化而发生改变的情形。

练习题

1. 解释隐藏层、神经元和激活函数。

2. Sigmoid 函数如何将一层神经元的取值与上一层神经元的取

值关联起来?

3. 什么是万能近似定理?

4. 当目标函数是预测一个数值变量或分类数据时，本章建议使用什么激活函数来将目标与最后一层的值关联起来?

5. 应该怎么理解梯度下降算法的学习率?

6. 如果学习率过高或过低，会出现什么问题?

7. 当对神经网络进行训练时，应该如何选择停止规则?

8. 如何将神经网络用于衍生产品进行估值?

9. 解释卷积神经网络 CNN 和简单神经网络的主要区别。

10. 解释递归神经网络和简单人工神经网络的关键区别。

作业题

1. 当一个神经网络有 5 个特征、2 个隐藏层，每个隐藏层有 10 个神经元、1 个目标时，会有多少个参数?

2. 为表 1-2 中的测试数据集生成类似于表 6-2 的表。假设简单的 $y = bx$ 模型，尝试不同的起点和学习率。

3. 在图 6-1 的模型中，假设我们通过设置所有 w_{jk} 权值为 0，所有 u_k 权值为 100，偏置为 0，来启动梯度下降算法。对于一栋总体质量等于 8、居住面积等于 3 000 平方英尺的房子，最初的神经网络给出的价格是多少?

4. Python 练习：使用神经网络来获取低房价数据。尝试不同数量的隐藏层和每层神经元，并将结果与线性回归的结果进行比较。

5. Python 练习：对 Lending Club 公司的数据使用神经网络。

尝试用不同数量的隐藏层和每层神经元。将结果与逻辑回归的结果进行比较。

附录 6A　反向传播算法

反向传播算法是一种使用链式法则计算均方误差（或其他目标函数）对参数值求导的方法。为了方便起见，我们假设一个目标函数，即均方误差由以下表达式给出：

$$E = \frac{1}{n}\sum_{i=1}^{n}(\hat{y}_i - y_i)^2$$

这里总共有 n 次观测，$\hat{y}_i$ 代表第 i 个观测值，y_i 是由神经网络取得的估值。如果 θ 是一个参数值：

$$\frac{\partial E}{\partial \theta} = -\frac{2}{n}\sum_{i=1}^{n}(\hat{y}_i - y_i)\frac{\partial y_i}{\partial \theta}$$

因此，我们可以独立考虑每个观测值来计算 $\partial y_i/\partial\theta$，最后通过以上方程得到相关偏导数。

我们从用于计算网络末端目标 y_i 的 θ 值开始，然后再返回到神经网络来考虑其他 θ 值。在本章中，我们定义 L 为层数，k 为每层神经元数，将第 l 层第 k 个神经元的取值记为 V_{lk}（$1 \leqslant k \leqslant K$，$1 \leqslant l \leqslant L$）。

首先，我们注意到，如果参数 θ 和输出值与最后一层相关联的过程有关，那么 $\partial y_i/\partial\theta$ 可以很容易求得。如果参数 θ 值和最后一层的第 k 个神经元与倒数第二层神经元的关联过程有关，采用链式法则，可以得出：

$$\frac{\partial y_i}{\partial \theta} = \frac{\partial y_i}{\partial V_{LK}} \frac{\partial V_{LK}}{\partial \theta}$$

$\partial y_i / \partial V_{LK}$ 和 $\partial V_{LK} / \partial \theta$ 都可以很容易计算得出。

现在让我们考虑参数 θ 和第 l 层的 k 值神经元与 $l-1$ 层神经元的关联过程有关, 其中 $l < L$, 可以得出:

$$\frac{\partial y_i}{\partial \theta} = \frac{\partial y_i}{\partial V_{lk}} \frac{\partial V_{lk}}{\partial \theta}$$

偏导数 $\partial V_{lk} / \partial \theta$ 可以很容易计算。而为了计算 $\partial y_i / \partial V_{lk}$, 我们需要多花一些力气, 利用链式法则得出:

$$\frac{\partial y_i}{\partial V_{lk}} = \sum_{k^*=1}^{K} \frac{\partial y_i}{\partial V_{l+1,\ k^*}} \frac{\partial V_{l+1,\ k^*}}{\partial V_{lk}}$$

对于所有的 k 和 k^*, $\partial V_{l+1,\ k^*} / \partial V_{lk}$ 可以很容易求得。因为计算过程始于网络末端, 从后往前进行, 在考虑与 $l-1$ 层到 l 层相关的 θ 时, 我们已经对所有的 k^* 计算了 $\partial y_i / \partial V_{l+1,\ k^*}$ 的数值。

综上所述, 我们已经提供了一种快速计算梯度下降算法所需的所有偏导数的方法。

第7章

强化学习

到目前为止，在我们已经考虑的情形中，决策与决策互不相关。例如，在考虑接受或拒绝某一项贷款申请时，其决策应该与其他贷款申请相独立。根据已经开发的模型，今天接受或拒绝一笔贷款，都不会影响我们明天接受或拒绝贷款申请。

对一家大银行而言，在决定是否接受贷款时，使用以上决策将是合理的。然而，有些情况本质上涉及一系列的决策，而不仅仅是一个单一决策。此外，随着决策的做出，环境可能会发生变化。在做出决策后，我们有必要使用数据来确定最佳决策以作为描述环境变量的函数，因为我们要考虑到为以后做出进一步决策提供依据。

强化学习是机器学习的一个分支，它用来处理我们刚才提及的一类序贯决策问题。当一个决策对应一个好的结果时，算法会得到收益；当一个决策对应一个不好的结果时，算法会产生成本。算法的目标是最大化预期收益（要减掉成本），这里的收益和成本计算都可能要考虑贴现因素。$^{\ominus}$

在本章中，我们从一个简单的序贯决策问题开始讨论。在这个问题中，环境不会改变。这是一个将"开发"(exploitation)与"试探"(exploration)之间的权衡作为强化学习的核心的示范。然后，我们将继续讨论一种环境有变化的更复杂的情况。最后，我们将解释如何处理大型问题，并讨论相关应用。

7.1 多臂老虎机问题

假设一个赌徒在赌场玩一台多臂老虎机，该赌徒可以拉动老虎机的任意一个摇臂，每个摇臂提供一个随机收益，假定第 k 个摇臂的收益服从正态分布，均值为 m_k，标准差为 1，这里的均值随着摇臂的不同而各不相同，也不为人所知。但是，赌场保证 m_k 不会改变（也就是说，环境不会改变）。

假设老虎机可以玩很多次，赌徒应该采取什么策略来最大限度地提高自己的预期收益？显然，赌徒应该小心保留每次摇臂的记录，以便随时了解至今为止所有已知的每个摇臂的平均收益。每次摇臂前，赌徒必须在两种选择之间做出决定：

- 选择迄今为止平均收益最好的摇臂；
- 选择一个新的摇臂。

$^{\ominus}$ 关于强化学习的全面介绍：Richard Sutton，Andrew Barto. 强化学习（第 2 版）[M]. 俞凯，等译. 北京：电子工业出版社，2019。

　　这就是所谓的"开发"与"试探"两难境地。第一种策略是"开发"（也称为"贪婪行为"），如果一直进行这样的策略，赌徒就永远不会有进步。事实上，赌徒可能永远找不到最好的摇臂。因此，实施一定的"试探"策略，随机选择另一个摇臂也许是一个好主意。"开发"策略将短期预期收益最大化了，但如果增加一点"试探"策略，可以提高长期收益。

　　赌徒的策略是：

- 随机选择摇臂，对应概率为 ε；
- 选择到迄今为止最佳平均收益的摇臂，对应概率为 $1-\varepsilon$。

　　这里 $0 < \varepsilon \leqslant 1$。我们可以通过对 0 到 1 之间的随机数进行抽样来实现此策略。如果抽出来的随机数小于 ε，则随机选择摇臂；否则，选择迄今为止平均回报最好的摇臂。最初，我们可能会选择 ε 等于 1，然后在逐步获得收益数据时，慢慢地将其减少到 0。

　　假设摇臂 k 已经被选择了 $n-1$ 次，并且第 j 次选择时的收益为 R_j，则第 k 个摇臂最优的预期收益是（我们将其称为旧估值）：

$$Q_k^{\text{old}} = \frac{1}{n-1} \sum_{j=1}^{n-1} R_j$$

如果在下一次赌博中，即第 n 次下注，选择第 k 个摇臂，并产生收益 R_n，我们可以按照下式来更新对预期收益的估计：

$$Q_k^{\text{new}} = \frac{1}{n} \sum_{j=1}^{n} R_j = \frac{n-1}{n} Q_k^{\text{old}} + \frac{1}{n} R_n$$

可以写成：

$$Q_k^{\text{new}} = Q_k^{\text{old}} + \frac{1}{n}(R_n - Q_k^{\text{old}}) \qquad (7\text{-}1)$$

这表明，我们可以用一种简单的方法更新预期收益，不必记住每次摇臂对应的收益。

考虑有 4 个摇臂的老虎机的情形，假定均值分别为：

$$m_1 = 1.2,\ m_2 = 1.0,\ m_3 = 0.8,\ m_4 = 1.4$$

如果以上这些数值都为已知，那么赌徒当然每次都会选择第 4 个摇臂。然而，这些 m_k 必须从试验结果中被推断出来。假设 $\varepsilon = 0.1$，这意味着，赌徒有 90% 的机会选择到目前为止给出最好结果的摇臂，只有 10% 的机会随机选择其他摇臂。表 7-1 展示了一个蒙特卡罗模拟运行的结果（计算见 Excel 文件）。我们任意设定每个摇臂的 Q 值（即平均收益）最初等于 0。第 1 次赌注选择了摇臂 1，其收益为 1.293（略高于均值 m_1），因此第 1 个摇臂的 Q 值变为 1.293，而其他摇臂的 Q 值保持为 0。因此，在第 2 次试验中，赌徒进行"试探"的可能性为 10%（即随机选择一个摇臂），选择第 1 个摇臂的可能性为 90%。事实上，她确实选择了第 1 个摇臂（但得到的收益很低，为 0.160）。第 1 个摇臂的 Q 值更新为 0.726。在第 2 次的基础上，她继续"开发"（90% 的概率）结果，再次选择第 1 个摇臂，直到第 4 次试验，她进行"试探"（10% 的概率），并随机选择第 2 个摇臂。

表 7-1　关于 4 个摇臂的 5 000 次试验结果，$\varepsilon=0.1$

试验	决策	摇臂选择	回报值	摇臂 1（统计）Q 值	观测数	摇臂 2（统计）Q 值	观测数	摇臂 3（统计）Q 值	观测数	摇臂 4（统计）Q 值	观测数	每次试验平均收益
				0		0		0		0		
1	开发	1	1.293	1.293	1	0.000	0	0.000	0	0.000	0	1.293
2	开发	1	0.160	0.726	2	0.000	0	0.000	0	0.000	0	0.726
3	开发	1	0.652	0.701	3	0.000	0	0.000	0	0.000	0	0.701
4	试探	2	0.816	0.701	3	0.816	1	0.000	0	0.000	0	0.730
50	开发	1	0.113	1.220	45	-0.349	3	0.543	2	0.000	0	1.099
100	开发	4	2.368	1.102	72	0.420	6	0.044	3	1.373	19	1.081
500	开发	3	1.632	1.124	85	1.070	17	0.659	11	1.366	387	1.299
1 000	开发	4	2.753	1.132	97	0.986	32	0.675	25	1.386	846	1.331
5 000	开发	4	1.281	1.107	206	0.858	137	0.924	130	1.382	4527	1.345

　　表 7-1 中标记为 "观测数" 的列显示了每个摇臂被选中的累计次数，因此也显示了计算平均收益的观测次数。在前 50 次试验中，赌徒根本就没有选择最好的摇臂（摇臂 4）。然而，在前 500 次试验中，它被选择了 387 次（即 77% 的试验）。在最初的 5 000 次试验中，它被选择了 4 527 次（即在 90% 以上的试验中）。该表显示，在一个看似不易的开头之后，该算法可以毫不费力地找到最佳摇臂。在 5 000 次试验中，每次试验的平均收益为 1.345，仅略低于最佳（摇臂 4）摇臂每次试验的平均收益。

　　表 7-2 和表 7-3 显示了使用 ε=0.01 和 ε=0.5 的结果，从这些表格列举的结果中，我们可以得出一些结论。将参数 ε 设置为 0.01 会导致学习非常缓慢，即使经过 5 000 次试验，第 1 个摇臂看起来仍比第 4 个更好。更重要的是，5 000 次试验的平均收益比 ε=0.1 时更差，而当 ε=0.5 时（这样 "开发" 和 "试探" 的机会均等），算法会轻易找到最佳摇臂，但每次试验的平均收益低于表 7-1 中的数值，因为在 "试探" 时花的精力太多了。如前所述，最好的策略是从选择 ε 从接近 1 开始，并随着收益数据的累积，而逐步减少 ε 的取值。一种方法是设定 $\varepsilon=\beta^{\tau}$，其中 τ 是试验次数，β（<1）是定义选择开发的概率衰减速度的参数（例如，如果 β=0.999，那么在 10 次、100 次、1 000 次和 5 000 次试验后，选择开发的概率分别为 0.990、0.905、0.37 和 0.007）。

表 7-2　关于 4 个摇臂的 5 000 次试验结果，$\varepsilon=0.01$

试验	决策	摇臂选择	回报值	摇臂 1（统计）Q 值	摇臂 1（统计）观测数	摇臂 2（统计）Q 值	摇臂 2（统计）观测数	摇臂 3（统计）Q 值	摇臂 3（统计）观测数	摇臂 4（统计）Q 值	摇臂 4（统计）观测数	每次试验平均收益
				0		0		0		0		
1	开发	1	1.458	1.458	1	0.000	0	0.000	0	0.000	0	1.458
2	开发	1	0.200	0.829	2	0.000	0	0.000	0	0.000	0	0.829
3	开发	1	2.529	1.396	3	0.000	0	0.000	0	0.000	0	1.396
4	开发	1	-0.851	0.834	4	0.000	0	0.000	0	0.000	0	0.834
50	开发	1	1.694	1.198	49	0.000	0	-0.254	1	0.000	0	1.169
100	开发	1	0.941	1.132	99	0.000	0	-0.254	1	0.000	0	1.118
500	开发	1	0.614	1.235	489	0.985	6	-0.182	2	0.837	3	1.224
1 000	开发	1	1.623	1.256	986	0.902	7	-0.182	2	0.749	5	1.248
5 000	开发	1	1.422	1.215	4952	1.022	18	0.270	8	1.148	22	1.213

表 7-3　关于 4 个摇臂的 5 000 次试验结果，$\varepsilon=0.5$

试验	决策	摇臂选择	回报值	摇臂 1 Q 值	(统计)观测数	摇臂 2 Q 值	(统计)观测数	摇臂 3 Q 值	(统计)观测数	摇臂 4 Q 值	(统计)观测数	每次试验平均收益
				0		0		0		0		
1	开发	1	0.766	0.766	1	0.000	0	0.000	0	0.000	0	0.766
2	试探	1	1.257	1.011	2	0.000	0	0.000	0	0.000	0	1.011
3	开发	1	-0.416	0.536	3	0.000	0	0.000	0	0.000	0	0.536
4	试探	3	0.634	0.536	3	0.000	0	0.634	1	0.000	0	0.560
50	试探	4	0.828	1.642	17	1.140	9	0.831	9	1.210	15	1.276
100	试探	3	2.168	1.321	47	0.968	15	0.844	16	1.497	22	1.231
500	试探	1	0.110	1.250	86	0.922	65	0.636	72	1.516	277	1.266
1 000	试探	4	1.815	1.332	154	1.004	129	0.621	131	1.394	586	1.233
5 000	试探	3	2.061	1.265	666	0.953	623	0.797	654	1.400	3057	1.247

7.2 环境变化

多臂老虎机问题是关于强化学习的一个简单的实例。在这种情形下，环境不会改变，因此学习到的 Q 值只是动作（action，即选择哪一个摇臂）的函数。在更一般的情况下，会有多个状态和可能的动作。如图 7-1 所示，当 S_0 状态为已知时，决策者在时刻 0 采取动作 A_0，这将导致在时刻 1 处产生收益 R_1 和新状态 S_1。然后，决策者在时刻 2 处产生收益 R_2 和新状态 S_2，依此类推。通常，Q 值是状态和动作的函数。

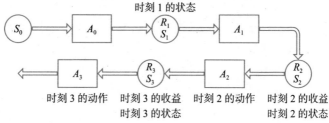

图 7-1　环境变化时的强化学习模型

我们的目标是使未来收益最大化。因此，在时刻 t 上的一个简单目标是使 G 的期望值最大化，其中：

$$G = R_{t+1} + R_{t+2} + R_{t+3} + \cdots + R_T$$

T 是一个时间点（代表最终时刻），在某些情况下，在一个（可能是无限的）时间区间上，对于贴现后的收益进行最大化也许更为合理，这样 G 的表达式变成：

$$G = R_{t+1} + \gamma R_{t+2} + \gamma^2 R_{t+3} + \cdots \qquad (7\text{-}2)$$

其中（$\gamma < 1$）是贴现因子。[注]金融领域的从业人员通常会将 γ 计为 1/（1+r），其中 r 为每个时段的贴现利率（也许是经风险调整），但这种解释将导致 R_{t+k} 的系数为 γ^k，而不是 γ^{k-1}。一种最为简练方式可以将式（7-2）与金融贴现率概念保持一致，即将 R_{t+k} 定义为在时刻 t+k 的现金奖励的单一阶段贴现（即，如果在 t+k 时点的现金收益为 C，则 $R_{t+k}=\gamma C$）。

注意，状态必须包括所有与特定动作有关的一切信息。例如，如果我们正在制定一个交易策略，股票历史价格是与策略相关的，因此必须被包含在当前状态中。

在一般情况下，Q 值反映了所有可能被贴现的预期收益。假设在一个特定的试验中，在 S 状态下采取动作 A 的预期收益为 G。进一步假设，这是在 S 状态下采取动作 A 对应于第 n 次试验，类似于式（7-1），我们用下式更新 Q 值：

$$Q^{\text{new}}(S, A)=Q^{\text{old}}(S, A)+\frac{1}{n}[G-Q^{\text{old}}(S, A)]$$

实际上，在变化的环境下，我们对最近的观测值会给予更多的权重分配，上述公式可调整为：

$$Q^{\text{new}}(S, A)=Q^{\text{old}}(S, A)+\alpha[G-Q^{\text{old}}(S, A)] \qquad (7\text{-}3)$$

因为观测数量增加了，观测的权重随着观测时间的变化而减小。

⊖ 见 Richard Sutton, Andrew Barto. 强化学习（第 2 版）[M]. 俞凯，等译. 北京：电子工业出版社，2019，第 3 章。

7.3 Nim 游戏博弈

Nim 游戏博弈是对第 7.2 节中讨论材料的进一步拓展。假设我们有一堆火柴，你和你的对手轮流从这堆火柴中拿火柴，且只能拿 1 根、2 根或 3 根，最后一个拿起火柴的人就输掉了比赛。

稍加思考，我们会注意到当比赛接近尾声时，如果你给对手留下 5 根火柴，你肯定就会赢。因为无论你的对手捡到几根火柴，你都可以在下一轮比赛中给她留下最后 1 根火柴。例如，如果她拿起 2 根火柴，你也拿起 2 根火柴；如果她拿起 3 根火柴，你就拿起 1 根火柴。你怎样做到让对手面临 5 根火柴的情形呢？答案是，如果你给她留下 9 根火柴，你就可以在下一回合中将火柴减少到 5 根。继续这样下去，不难看出获胜的方法在于总是让你的对手面临 $4n+1$ 根火柴。当然，如果你的对手很聪明，她也会尝试这样做，所以谁输谁赢取决于火柴的根数以及谁第一个先拿。如果总共有 $4n+1$ 根火柴，你先拿，她一定能赢；如果总共有 $4n+1$ 根火柴，她先拿，你一定能赢。在其他情况下，如果你先拿，你就可以赢，而如果她先拿，她就可以赢。

让我们考虑一下如何使用强化学习来解决这个问题。为简便起见，我们假设对手的行为是随机的，而不是最优的。状态 S 是剩余的火柴数目，动作 A 是拿起火柴的数目。对于一个特定的状态，算法会在概率为 $1-\varepsilon$ 的情况下选择到目前为止确定的最佳动作，并在概率为 ε 的情况下随机选择做出一个动作。我们先把所有的 Q 值设为 0，如表 7-4 所示。我们随意地将赢得游戏的奖励设为 +1，而输掉游戏的奖励设为 −1。在这个例子中，选手要等到最后才会有收益。我们假设一个初始策略，你总是选择拿起一根火柴。我们还假设 ε 等于 0.1，α 等于 0.05，这样做是为了展示过程。采用强化学习的通常的做法，在开始时选择 ε 接近于 1，最后随着学习经验的累积，逐渐降低 ε 的取值。

表 7-4　初始 Q 值

拿起的火柴数	状态（剩下的火柴数）						
	2	3	4	5	6	7	8
1	0	0	0	0	0	0	0
2	0	0	0	0	0	0	0
3		0	0	0	0	0	0

为了简单起见，我们考虑所有游戏都从 8 根火柴开始。假设在第一场比赛中，你拿起 1 根火柴，你的对手（随机）的决定是拿起 3 根火柴。然后你拿起 1 根火柴，你的对手（随机）拿起 3 根火柴，你获胜并获得 +1 的奖励。式（7-3）给出：

$$Q(8, 1) = 0 + 0.05 \times (1 - 0) = 0.05$$

因为在 8 根火柴的情形中，你拿起 1 根火柴，最后你获得 +1 的收益。

$$Q(4, 1) = 0 + 0.05 \times (1 - 0) = 0.05$$

因为有 4 根火柴剩下，你拿起 1 根火柴，最后你获得 +1 的收益，这样得出表 7-5。

表 7-5 一场比赛后的 Q 值

拿起的 火柴数	状态（剩下的火柴数）						
	2	3	4	5	6	7	8
1	0	0	0.05	0	0	0	0.05
2	0	0	0	0	0	0	0
3		0	0	0	0	0	0

假设在下一场比赛中，你最初选择 1 根火柴，而你的对手选择 2 根火柴。你接下来又拿起 1 根火柴，你的对手拿起 3 根火柴，这时你必须拿起最后 1 根火柴，你输掉了比赛，得分为 −1。$Q(8,1)$ 和 $Q(5,1)$ 更新如下：

$$Q(8,1) = 0.05 + 0.05(-1-0.05) = -0.0025$$

$$Q(5,1) = 0 + 0.05(-1-0) = -0.05$$

这样得出表 7-6。

表 7-6 两场比赛后的 Q 值

拿起的 火柴数	状态（剩下的火柴数）						
	2	3	4	5	6	7	8
1	0	0	0.05	−0.05	0	0	−0.0025
2	0	0	0	0	0	0	0
3		0	0	0	0	0	0

表 7-7 ～表 7-9 分别显示了 1 000 场、25 000 场和 100 000 场模拟比赛后的情况，该算法所需的数据比多臂老虎机的示例更多，但最终它找到了最佳策略：

- 当有 8 根火柴时,最佳策略是拿起 3 根火柴;
- 当有 6 根火柴时,最佳策略是拿起 1 根火柴;
- 当有 5 根火柴时,没有好的策略;
- 当还剩 4 根火柴时,最佳策略是拿起 3 根火柴;
- 当还剩 3 根火柴时,最佳策略是拿起 2 根火柴;
- 当还剩 2 根火柴时,最佳策略是拿起 1 根火柴。

表 7-7　1 000 场比赛后的状态和 Q 值(见 Excel 计算表)

拿起的火柴数	状态(剩下的火柴数)						
	2	3	4	5	6	7	8
1	1.000	0.070	0.152	0.154	0.090	0.000	0.483
2	−0.642	1.000	−0.167	0.050	0.000	0.000	0.468
3		−0.401	1.000	0.050	0.000	0.000	0.792

表 7-8　25 000 场比赛后的状态和 Q 值(见 Excel 计算表)

拿起的火柴数	状态(剩下的火柴数)						
	2	3	4	5	6	7	8
1	1.000	0.083	0.341	0.099	0.818	0.000	0.590
2	−1.000	1.000	−0.080	−0.091	0.119	0.000	0.537
3		−1.000	1.000	−0.184	0.241	0.000	0.885

表 7-9　100 000 场比赛后的状态和 Q 值(见 Excel 计算表)

拿起的火柴数	状态(剩下的火柴数)						
	2	3	4	5	6	7	8
1	1.000	0.239	0.166	−0.018	0.991	0.000	0.813
2	−1.000	1.000	0.030	0.294	0.223	0.000	0.623
3		−1.000	1.000	−0.011	0.489	0.000	1.000

7.4 时序差分学习

上一节中的方法将被称为蒙特卡罗法，我们接下来将讨论另外一种方法——时序差分学习法。

在一般情况下，我们将 $V_t(S)$ 定义为时刻 t 处于状态为 S 且随后采取的动作为最优选择时的收益值。假设没有贴现，这意味着：

$$V_t(S) = \max_A E[R_{t+1} + V_{t+1}(S')]$$

其中 S' 是假设在时刻 t 采取了动作 A 之后 $t+1$ 时刻的状态。可以使用类似的方程将 V_{t+1} 关联到 V_{t+2}、将 V_{t+2} 关联到 V_{t+3}，依此类推。这可以保证我们可以在相对简单的情况下，使用理查德·贝尔曼（Richard Bellman）动态规划方法。首先考虑我们在最终时刻 T，已知所有时刻出现的所有状态，然后向后进行计算。首先，我们计算在时刻 $T-1$ 时可能出现的状态的最佳动作。以此，我们继续倒推时刻 $T-2$ 所处状态的最优动作，依此类推。

如我们早前所提及的在 Nim 游戏中获胜的策略，留给你的对手 $4n+1$ 根火柴，其中 n 为整数。为了正式证明这点，我们可以给出：①如果我们留给对手 5 根火柴，我们获胜；②如果我们在一轮之后留给对手 $4n+1$ 根火柴，我们可以在下一轮（$n>1$）时留给她 $4(n-1)+1$ 根火柴。这是一个动态规划的简单例子，我们正有效地从游戏的最后一步向前倒推从而找到最优的当前决策。

然而，动态规划对于许多大型问题并不实用，但是强化学习可以采用动态规划的一些想法。如上，我们将 $Q(S, A)$

定义为在 S 状态时采取 A 动作的当前估算值。在 S 状态时的最优价值为：

$$V(S) = \max_A [Q(S, A)]$$

例如，在 1 000 场比赛以后，我们可以由表 7-7 得出 $V(8) = 0.792$，$V(6) = 0.090$，$V(5) = 0.154$，$V(4) = 1.000$，$V(3) = 1.000$，$V(2) = 1.000$。

在蒙特卡罗法中，我们通过观测在特定状态下做出特定动作时的未来总收益 G 来更新 $Q(S, A)$。另一种选择是向前看一步。假设当我们在状态 S 中执行动作 A 时，我们移动到状态 S'，我们可以使用 $V(S')$ 的当前值进行如下更新：

$$Q^{\text{new}}(S, A) = Q^{\text{old}}(S, A) + \alpha[R + \gamma V(S') - G^{\text{old}}(S, A)]$$

式中，R 对应下一步的收益，γ 为贴现因子。

在 Nim 游戏中，假定在 1 000 比赛以后，我们得出表 7-7 中的数据，假定在第 1 001 场比赛的结果如下：

- 你拿起 1 根火柴；
- 你的对手拿起 1 根火柴；
- 你拿起 1 根火柴；
- 你的对手拿起 3 根火柴；
- 你拿起 1 根火柴；
- 你的对手拿起 1 根火柴；
- 你赢得比赛。

当 $\alpha = 0.05$ 时，$Q(8, 1)$ 可以用下面的方式更新：

$$Q^{\text{new}}\,(\,8,\,1\,) = Q^{\text{old}}\,(\,8,\,1\,) + 0.05[V\,(\,6\,) - Q^{\text{old}}\,(\,8,\,1\,)]$$
$$= 0.483 + 0.05 \times (\,0.090 - 0.483\,)$$
$$= 0.463$$

$Q\,(\,6,\,1\,)$ 也可以得到更新:

$$Q^{\text{new}}\,(\,6,\,1\,) = Q^{\text{old}}\,(\,6,\,1\,) + 0.05[V\,(\,2\,) - Q^{\text{old}}\,(\,6,\,1\,)]$$
$$= 0.090 + 0.05 \times (\,1.000 - 0.090\,)$$
$$= 0.136$$

$Q\,(\,2,\,1\,)$ 也可以得到更新:

$$Q^{\text{new}}\,(\,2,\,1\,) = Q^{\text{old}}\,(\,2,\,1\,) + 0.05[1.000 - Q^{\text{old}}\,(\,2,\,1\,)]$$
$$= 1.000 + 0.05 \times (\,1.000 - 1.000\,)$$
$$= 1.000$$

在这里, 我们只是向前看了一步 ("一步"的含义是指你做了一个动作, 然后你的对手也做了一个动作)。时序差分算法的自然延伸是我们向前看 n 步, 这被称为"n 步自助"(n-step bootstrapping)。

7.5　深度 Q 学习

前面我们描述的时序差分学习法被称为 Q 学习。当有许多状态或动作 (或两者同时) 发生时, 状态 – 动作表的单元格不会很快被填充。然后, 我们有必要根据已获得的结果来估计一个完整的 $Q\,(\,S,\,A\,)$ 函数。$Q\,(\,S,\,A\,)$ 函数一般是非线性的, 因此人工神经网络可以很自然地被用于此。将 Q 学习与人工神经网络结合使用被称为**深度 Q 学习**(deep Q-learning) 或**深度强化学习**(deep reinforcement learning)。

7.6 应用

　　强化学习最为公众所知的应用之一是阿尔法围棋（AlphaGo），它是一个由谷歌开发的围棋游戏计算机程序。2017 年 5 月，AlphaGo 以 3 比 0 击败世界围棋冠军柯洁，令职业围棋选手大吃一惊。AlphaGo 是通过多次与自身的对抗来生成数据，以提高自己的棋艺。

　　除了游戏以外，强化学习也有很多其他应用。例如，强化学习可用于无人驾驶汽车、资源管理和交通管理，⊖ 在医疗健康领域，我们可以看到强化学习一些非常有趣的应用。⊖ 照料患者是一个多阶段的行为活动。医生采取了一项措施，然后观测这项措施的结果；之后再基于这个结果而采取另一项措施，依此类推。如果有足够的数据可用，我们可以采用算法来确定每个状态下的最佳方式。然而，值得指出的是，在强化学习中，我们会遇到一些典型问题：

- 数据也许会倾向于目前医生喜欢的治疗方案，因此算法可能很难确定比当前治疗方案更佳的方式。

⊖ See, for example, the work of H. Mao, M. Alizadeh, I. Menache, and S. Kandula, 2016, entitled "Resource Management with Deep Reinforcement Learning": https://people.csail.mit.edu/alizadeh/papers/deeprm-hotnets16.pdf; and I. Arel, C. Liu, T. Urbanik, and A.G.Kohls, 2010, "Reinforcement Learning-based Multi-agent System for Network Traffic Signal Control," *IET Intell. Transp. Syst,* 4, 2: 128-135.

⊖ See I. Godfried, 2018, "A Review of Recent Reinforcement Learning Applications to Healthcare" at https://towardsdatascience.com/a-review-of-recent-reinforcment-learning-applications-to-healthcare-1f8357600407.

- 很难想出一个奖励函数。例如，你是如何在生命的质量和患者的寿命之间权衡并做决策的？
- 足够数量的相关数据可能不存在，或者即使数据确实存在，它可能没有以可供强化学习算法使用的方式被收集。

强化学习通常比监督学习需要更多的数据。数据往往不容易获取，分析师可以尝试确定环境的模型，并以此来生成模拟数据，这些数据可以作为强化学习算法的输入。

强化学习在金融领域有许多潜在的应用。以一个交易员为例，他想卖出大量股票，他的最佳策略是什么？如果交易员选择在一次交易中出售所有股票，那么他很可能会影响市场价格，他成功交易的价格可能会低于进行一系列小规模交易所实现的价格。但如果股价大幅下跌，一系列小型交易将很难执行。[⊖]

另一个应用是投资组合管理，这也是一个多阶段的行为活动。[⊖]过于频繁地改变投资组合的组成，将会涉及交易成本。[⊜]历史股价可以用来评估在不同情况下应采取的行动。在这种情

⊖ 有几位学者已经研究了这个情况，例如，Y. Nevmyvaka, Y. Feng, and M. Kearns, "Reinforcement Learning for Optimized Trade Execution," https://www.cis.upenn.edu/-mkearns/papers/rlexecpdl。

⊖ See, for example, Y. Huang "Financial Trading as a Game: A Deep Reinforcement Learning Approach" arXiv: 1807.02787；Z. Liang, H. Chen, J. Zhu, K. Jiang and Y. Ll, "Adversarial Deep Reinforcement Learning in Portfolio Management," arXiv: 1808.09940; Z.Jiang, D.Xu, and J. Liang, "A Deep Reinforcement Learning Framework for the Financial Portfolio Management Problem," arXiv:1706.10059.pdf.

⊜ 成交时的买卖价差是造成交易成本的另外一个原因。资产组合经历通常要以买价来买入，以卖价来卖出，而买价会高于卖价。

况下，我们应谨慎选择一个奖励函数以惩罚风险，同时也激励高预期收益的策略。

强化学习的另一个应用是对冲（套期保值），对冲措施的频率和风险的降低之间存在一种权衡。增加交易频率可以降低风险，但这也会导致交易成本增加。传统上，衍生产品是通过计算其对标的资产价格、标的资产波动性和其他风险因素的理论敏感性来进行对冲的。强化学习为一些大型衍生产品交易商提供了一种新的选择。在对冲过程中，交易员一旦确定了对冲工具，就可以根据历史数据或模拟数据来确定最佳的多阶段对冲策略。⊖

小　结

强化学习涉及序贯决策问题，这其中包括动作和状态，动作会带来收益和成本。当环境是由一个特定的状态来描述时，我们可以采取特定的动作得到 Q 函数估计预期收益（扣除成本）。在一个特定的状态下，最佳动作可以保证 Q 函数取得最大值。

强化学习的一个关键点是关于"开发"与"试探"的权衡。当从模拟或历史数据中进行学习时，我们很容易倾向于采取基于目前为止可得数据之上所做的最好的动作。然而，如果算法

⊖　See G. Ritter and P. N. Kolm, " Dynamic Replication and Hedging Reinforcement Learning Approach," *Journal of Financial Data Science*, 1, 1: 159-171 and Buehler, H., L., Gonon, J. Teichmann, and B. Wood, 2018, " Deep Hedging." arXiv 1802.03042.

总是这样做，它就会停止学习而不会尝试新的"试探"。因此，一个强化学习算法为随机选择的动作分配一些小概率 ε，并为迄今为止最佳动作分配概率 $1-\varepsilon$。通常在初始时，ε 取值接近于 1，随着从数据中学习过程的推进，ε 取值会逐渐降低。

　　我们用两个例子说明了"开发"与"试探"之间的权衡，其中一个例子涉及多臂老虎机问题，这是统计学上的一个著名问题，赌徒试图了解赌场中老虎机的哪个摇臂会产生最佳收益，这是一个相对简单的强化学习实例，因为环境（即状态）永远不会改变。另一个例子涉及 Nim 游戏，其中状态是由剩余的火柴数量来定义的，动作是拿起火柴的数量。在这两种情况下，我们都表明，强化学习确实提供了学习最佳策略的方法。

　　采取特定动作产生的价值被称为 Q 值，更新 Q 值的方法有很多种，一种是基于当前时刻和最终时刻之间的总净收益（可能贴现）进行更新。另一种方法是仅向前一个动作进行展望，并根据下一个动作中存在的状态来更新当前的 Q 值。其他的更新过程介于这两种极端方法之间，在计算一个动作对应的结果时，我们会考虑前面的几个动作。

　　在实际应用中，强化学习通常存在大量的状态和动作。解决这一问题的一种方法是将强化学习与人工神经网络（ANN）结合使用。强化学习产生一些由状态和动作组合的 Q 值，并使用 ANN 来估计一个更完整的函数。

练习题

1. 强化学习与监督学习有何不同？

2. 为什么强化学习算法需要同时涉及"开发"和"试探"？

3. 解释动态规划的工作原理。

4. 你认为 Nim 游戏的最佳策略是什么？在 8 根火柴的情形中，在表 7-7 ~ 表 7-9 中的 1 000 场、25 000 场和 100 000 场比赛之后，蒙特卡罗模拟如何找到了最佳策略？

5. 解释强化学习中的蒙特卡罗法。

6. 什么是时序差分学习法？

7. 为什么有时需要将人工神经网络与强化学习结合使用？

8. 解释深度 Q 学习的含义。

作业题

1. 假设表 7-8 显示了 25 000 场 Nim 游戏比赛后 Q 值的状态。在下一场比赛中你获胜，在这一场比赛中，总是由你和你的对手各拿起 1 根火柴，使用以下方法将如何更新表 7-8？(a) 蒙特卡罗法；(b) 时序差分学习法。

2. 使用 www-2.rotman.utoronto.ca/~hull 中的工作表和多臂老虎机问题，讨论使用不同 ε 值的影响，该值从 1 开始，在 τ 次试验后，ε 的取值变为 β^τ，其中 $\beta < 1$。

3. 更改以下网站的 Nim Visual Basic 程序：

     www-2.rotman.utoronto.ca/~hull

   使用时序差分学习法而不是蒙特卡罗法，并比较这两种方法在 8 根火柴时找到最佳策略的速度。

第8章

社 会 问 题

多年来计算机一直被用于对常规性工作进行自动化处理，诸如记账和开具发票等，而社会在很大程度上也从中受益。但重要的是我们要认识到，本书讨论的创新不仅仅涉及任务的自动化，这些创新允许机器自我学习，其目标是让机器像人类一样做出决策，并与环境交互。事实上，在许多情况下，我们的目的是训练机器，使它们改进人类完成某些任务的方式。

在之前，我们曾讲述了谷歌的 AlphaGo 击败世界围棋冠军选手柯洁的故事，围棋是一个非常复杂的游戏，有太多的落子方式，计算机无法计算出所有的可能性。AlphaGo 使用了一种深度学习策略，来模拟人类顶级高手的落子方式，然后进一步去改进它。这里的关键是 AlphaGo 的程序员没有教AlphaGo 如何去下围棋，而是教它学习下围棋。

教会机器使用数据并学习做出聪明的决策，这会给社会带来许多难题。谁拥有机器学习算法使用的数据？机器学习算法中存在哪些偏差？人类能教会机器分辨是非吗？机器学习背后的算法应该更透明吗？如果人类不再是地球上最聪明的实体，这意味着什么？本章将讨论这些问题。

8.1　数据隐私

自剑桥分析（Cambridge Analytica）公司数据泄露事件公开后，与数据隐私相关的社会问题受到了社会的广泛关注。这家公司曾为 2016 年特朗普参加美国总统竞选和英国退出欧盟事件做过分析。它在没有获得用户许可的情况下，成功地获取并使用了数百万 Facebook 用户的个人数据。这些数据非常详细，以至于剑桥分析公司能够以此来创建档案资料，并出于为雇用他们的客户做宣传的目的，决定对大众最有效的广告方式和影响大众决策的举动。

世界上有许多国家的政府都在关注数据隐私问题，在这一方面，欧盟走在了前列，它通过了于 2018 年 5 月开始生效的《通用数据保护条例》（General Data Protection Regulation，GDPR）。⊖该条例肯定了数据资产价值，并做出以下相关要求：

- 公司在把数据应用于最初收集客户数据的目的以外的其他用途之前，必须征得客户的同意。
- 如果有数据泄露，必须在 72 小时内通知所有受影响的

⊖　见 https://gdpr-info.eu/。

客户。

- 跨国界使用数据，必须保证安全。
- 公司必须委任数据保护专管员。

违反该条例将会招致巨额罚款，数额可能会高达 2 000 万欧元，或公司在全球 4% 的营业收入。其他国家政府将来也极有可能通过类似的立法。有趣的是，不仅仅是政府对公司使用数据的方式表示担忧，Facebook 的首席执行官马克·扎克伯格（Mark Zuckerberg）也认为，管理互联网数据缺失需要制定规则，并表示支持《通用数据保护条例》。[⊖]

8.2　偏见

人类行为时常带有偏见。有些人喜欢规避风险，另一些人则喜欢承担风险。有些人天生就会关心别人，另一些人则麻木不仁。人们可能会认为，机器的一个优点是，它们能做出符合逻辑的决策，完全不受任何偏见的影响。然而，事实并非如此。机器学习算法同样会表现出许多偏差。

一种偏见与数据采集的方式有关，即数据本身可能不具有代表性。这里有一个在机器学习出现之前的经典案例，《文学文摘》（*Literary Digest*）在 1936 年试图对美国总统选举结果进行预测。这家杂志向 1 000 万人（一个巨大的样本）发放了调

⊖ 《华盛顿邮报》（2019 年 3 月 30 日）对扎克伯格的观点进行了概述，见
https://www.washingtonpost.com/opinions/mark-zuckerberg-the-internet-needs-new-rules-lets-start-in-these-four-areas/2019/03/29/9e610504-521a-11e9-a3f7-78b7525a8d5f_story. html?noredirect=on&utm_term=. 2365e1f19e4e。

查问卷，并收到了 240 万份回应。该杂志预测兰登（共和党人）将以 57.1% 对 42.9% 击败罗斯福（民主党人），而事实上罗斯福却赢了这场总统选举。问题出在哪里呢？答案是《文学文摘》所发放调查问卷的对象由《文学文摘》的读者、电话用户和那些拥有汽车的人组成，事实上，这三类人大多是共和党人。[⊖]

一个近期的例子是面部识别软件。这种软件主要是针对白种人的图像进行训练，因此无法很好地识别其他种族，从而导致警察使用该软件时常常会犯错误。[⊖] 我们在使用机器学习数据时，往往会首先使用那些容易获得的数据，并偏向于已有的实践。我们在第 3 章、第 4 章和第 5 章关于贷款分类的数据中，曾遇到了这种情况。未来可用于贷款决策的数据可能是基于过去的实际发放的贷款数据。如果我们能够获得过去没有发放的贷款的数据，这会非常有助于贷款分类，但这些数据是不可得的。亚马逊（Amazon）在开发其招聘软件时，也有过类似的偏见。亚马逊目前的主要雇员为男性，这导致开发出的软件在某种程度上对女性存有偏见。[⊜]

在机器学习中，选择特征是一项关键任务。在大多数情况下，使用种族、性别或宗教信仰等特征显然是不可接受的。但

⊖ See P. Squire, "Why the 1936 Literary Digest Poll Failed," *The Public Opinion Quarterly*, 52, 1 (Spring 1988):125-133.

⊖ See R. McCullom, 2017, "Facial Recognition Software is Both Biased and Understudied", at https: //undark.org/article/facial-recognition-technology-biased-understudied/.

⊜ 关于这一点，见 https://www.reuters.com/article/us-amazon-com-jobs-automation-insight/amazon-scraps-secret-ai-recruiting-tool-that-showed-bias-against-women-idUSKCN1MK08G。

数据科学家也必须小心，不要选择与这些敏感特征高度相关的特征。例如，如果某个特定社区的黑种人居民比例很高，那么在开发贷款决策算法时使用"居住地社区"作为特征，可能会导致对种族的偏见。

在开发机器学习模型时，分析员可以（有意识地或无意识地）用许多其他方式表现出偏见。例如，对于清洗数据的方式、模型的选择，以及解释和使用算法结果的方式都可能会受到分析员偏见的影响。

8.3 道德伦理

机器学习可能会引发许多伦理问题，为了规范公民行为，中国的信用制度系统做了很多工作，但有很多人觉得这些做法有些激进。一个人的社会行为得分会根据其行为而上下浮动。不良驾驶、在禁烟区吸烟、购买过多电子游戏等行为都会降低一个人的信用评分，而这些得分会影响孩子就读的学校，影响他们是否可以出国旅游以及能否顺利就业，等等。

机器学习应该用于战争吗？估计这可能是不可避免的。美国国防部曾与谷歌合作改进其 Maven 项目，想利用谷歌无人机在世界各地拍摄视频，从中提取人类活动的图片，最终目的是可以做到精准打击。在数千名谷歌员工签署公开信进行谴责后，该项目被取消。然而，美国和其他国家仍在研究如何将人工智能用于军事目的。

机器学习算法是否能从其编程上就做出更具伦理道德的

决策？这里的一个想法是创建一个新的机器学习算法，并为它提供大量标记为"伦理"或"非伦理"的数据，以便它学会识别非伦理数据。当收到关于某个特定项目的新数据时，该算法会用于确定使用该数据是否合乎道德。这里的想法是，如果一个人可以学习、掌握道德行为，机器同样也可以学习道德行为（事实上，有些人认为机器可以做到比人类更具道德）。

无人驾驶会带来一个有趣的道德困境。如果事故已经不可避免，算法应该做出什么决策呢？算法应该如何在撞到老年人和年轻人之间做出选择？它如何在撞到不守规矩乱穿马路的行人和遵守交通规则的人之间做出选择？它如何在可能会撞到戴着头盔骑自行车的人和没戴头盔的人之间做出选择？像这样的困境，即在谁能活与谁会死之间做出选择，有时被称为"电车难题"（trolley problem）。[⊖]

人类与机器学习技术的相互作用有时会导致不适当和不道德的行为也被机器学会，最后产生意想不到的效果。2016 年 3月，微软发布了一款名为 Tay 的软件（Tay 是"thinking about you"的简称），该软件旨在通过在推特上与人类互动来学习，从而模仿一个 19 岁美国女孩的语言模式。一些推特用户开始在推特上发布不雅短语，天真的 Tay 学到了不少不该学的东西，并向其他推特用户发送有关种族主义和性侵的信息。微软在软件公布 16 小时后，迅速将它关闭。

⊖ 最初的电车难题是关于伦理学的一个思想试验，该试验涉及一辆失控的电车，如果什么都不做，电车可能会撞死 5 个人，而如果启动换道开关，则会撞死 1 个人。

8.4　透明度

在第 4 章中，我们曾介绍过决策树机器学习算法，该算法相对透明。例如，当一家银行用它来做贷款决策时，我们很容易看出为什么贷款被接受或拒绝。然而，大多数机器学习算法都是"黑匣子"，造成算法输出结果的原因并不明显。

这会因此产生问题。被拒绝贷款的申请人很自然会问，为什么自己的贷款申请会被拒绝？如果你回答"算法拒绝了你，我没有进一步的信息"，这很可能会引起客户的不满。前面提及的欧盟《通用数据保护条例》包含了一条对适用于欧盟公民数据的机器学习算法的解释权。具体地说，每个欧盟公民都有权了解"对数据主体进行相关处理所涉及的逻辑，以及处理手段的必要性和预期后果的意义"。

在开发机器学习模型来进行预测时，我们最好做到使那些受到预测影响的人最终能够理解结果。评估某个特征（例如，贷款申请中的信用评分）重要性的一种方法是对相关特征进行修改，并查看修改后特征对目标（贷款申请中的违约概率）的影响。⊖ 这里所做的更改可以反映相关特征在机器学习算法训练集上的离散程度。⊖ 使用这种方法，我们可以得出某种特征在最终预测结果中的占比。例如，贷款申请人可能会被告知："贷款被拒绝，有 40% 归因于信用评分，25% 归因于收入，

⊖　另一种可能是完全删除该特征，并查看结果如何受到影响。

⊖　有时为了更准确地解释算法的功能，我们需要同时对两个或三个特征进行修改。

20% 归因于债务收入比，15% 归因于其他因素。"[⊖]

企业管理人了解自身使用的算法也非常重要，以此可以确保自身决策的合理性。虽然某些决策看起来是合理的，但如果算法事实上是在使用比较模糊的关联性，最终总会有风险。

这里有一个例子，在 20 世纪初，一匹名叫汉斯（Hans）的德国马貌似很聪明，居然能够解决数学问题，例如，它可以做加、减、乘、除运算，还能回答诸如"如果一个月的第 9 天是星期三，那么下一个星期五是这个月的哪一天"等问题。在回答问题时，汉斯用跺脚表示答案，如果答案正确，它会得到奖励。结果发现，这匹马真的很擅长阅读提问者脸上的表情，因此可以判定什么时候该停止跺脚，它实际上没有任何数学智能。当马跺脚时，正确的答案和提问者脸上的表情是相互关联的。

类似地，有一些图像识别软件可以区分北极熊和狗，但实际上它们只是对背景（冰、草或树）做出反应，而不是对动物本身的图像做出正确反应。如果我们相信一个算法可以为一家企业做出重要决策，那么我们就应该知道它的工作原理，做到这一点很重要。

8.5　对抗机器学习

对抗机器学习是指那些被设计为，利用数据来愚弄机器学习

⊖　提高模型可解释性的方法包括 LIME（局部可解释模型－不可知解释）和 DARPA-XA，关于估计神经网络中不同权重的重要性的方法，请参见 G. D, Garson, "Interpreting Neural-Network Connection Weights," *AI Expert*, 6(4): 46-5L1991。

而发起的攻击的可能性。可以这样说，愚弄机器比愚弄人更容易！

这里是一个简单的例子，假定某人知道垃圾邮件过滤器的工作原理，他可以设计一封电子邮件来愚弄过滤器。算法交易中的幌骗行为（spoofing）是对抗机器学习的一种表现形式，如果幌骗者试图（非法）操纵市场，他可以通过提供买卖订单并在执行前取消的方式来达到欺骗目的。对抗机器学习的另外一个例子是，心怀恶意的攻击者以无人驾驶汽车为目标，在道路旁放置迷惑汽车算法的标志，并可能导致车祸。

解决这个问题的一种方法是，生成对抗机器学习会采用的示例，并进一步训练机器使它不要被愚弄。然而，在未来的一段时间里，人类似乎必须监控机器学习算法，以确保算法不会被愚弄或被操纵。对抗机器学习所带来的危险强化了我们已经提出的观点，即机器学习算法不应该是我们不能理解的黑匣子，其输出值的透明度和可解释性非常重要。

8.6 法律问题

我们可以预计，机器学习算法会产生许多法律系统以前没有考虑过的新问题。我们已经提到了与数据所有权和使用有关的法律问题。今后，随着数据商品价值的逐渐凸显，业界很可能会出现与滥用数据有关的集体诉讼，这些诉讼类似于传统上对公司的其他行为提起的集体诉讼。

在不远的将来，无人驾驶汽车很可能成为一种重要的交通工具。如果无人驾驶汽车撞到行人，那谁是罪魁祸首呢？可选答案是：

- 编写汽车驾驶算法的人；
- 汽车制造商；
- 车主。

同样，当一个算法显示出偏见，而这会导致受到偏见不利影响的人提起集体诉讼时，被告应该是谁？这在法律上存在一些模棱两可的争议。

未来的合同法也可能必须得到修改，因为在未来，许多合同可能是在机器之间签订的（两台机器都使用机器学习算法）。如果产生争执，那该怎么解决呢？法院是否会对机器有权执行合同提出质疑呢？

不难想象，未来的机器将被赋予权利，就像今天的公司被授予权利一样。考虑这样一种情形：人类大量的经验和智慧（远远超过任何人的经验和智慧）都被存储在某台机器中，是否应该允许一个人关闭机器，从而丧失所有这些经验和智慧？

8.7 人类与机器

人类的进步历程中伴有多次工业革命：

- 蒸汽动力（1760 ～ 1840 年）；
- 电力和大规模生产（1840 ～ 1920 年）；
- 计算机与数字技术（1950 ～ 2000 年）；
- 人工智能（2000 年至今）。

毫无疑问，前三次工业革命给社会带来了巨大福利，而这些福利并不总是立即显现出来，但它们最终大大改善了人类的生活质量。在不同时期，人们担心传统上由人类从事的工作会被机器代替，从而导致人类失业，但这种担心并没有发生。在前三次工业革命中，有些工作岗位确实消失了，而另一些新的机会则被创造出来了。例如，第一次工业革命导致人们改变了生活方式，即离开农村作坊，转到工厂。第二次工业革命随着装配线的引入，改变了工厂工作的性质。第三次工业革命造成我们在工作中更多使用计算机。对于第四次工业革命的影响，我们还需拭目以待。

值得注意的是，第三次工业革命并没有把所有雇员都变成计算机程序员，但它确实促使从事不同工作的人，开始学习如何使用计算机，以及如何使用 Word 和 Excel 等软件。我们可以预计，第四次工业革命将类似于第三次工业革命，众多从业者将不得不开始学习与使用人工智能有关的新技能。

我们现在已经到了这样一个阶段，机器学习算法可以做出许多常规的决策，这些决策甚至比人类做得更好，但这里的关键词是"常规"，做出决策的性质和环境必须与过去类似。如果决策是非标准的，或者环境发生了变化，使得过去的数据与当前不相关，我们就不能指望机器学习算法做出正确的决策。无人驾驶汽车就是一个例子，如果我们改变了道路规则（也许是关于汽车如何向右或向左转弯），依靠一辆用旧规则训练过的无人驾驶汽车将是很恐怖的事情。

人类的一项关键任务可能是管理大数据和监控机器学习算

法，以确保决策是基于适当数据做出的。正如第三次工业革命
并没有要求每个人都成为计算机程序员那样，第四次工业革命
也不会要求每个人都成为数据科学家。然而，对于许多工作来
说，理解数据科学的语言和数据科学家的工作是很重要的。如
今，许多工作都涉及使用他人开发的程序来执行各种任务。在
未来，我们的工作任务可能会涉及监控其他人开发的机器学习
算法的运行。

在未来一段时间里，一个人加上一台受过训练的机器可能
比一个人或一台机器本身更有效。然而，我们不应低估未来机
器学习的进步，最终机器在几乎所有方面都会比人类更聪明。
对人类来说，一个持续的挑战可能是如何以一种有益于人类，
而不是毁灭人类的方式与机器合作。

MACHINE LEARNING
IN BUSINESS

部分习题答案

第1章

练习题

1. 机器学习是人工智能的一个分支，其中的智能是通过从大数据学习而产生的。

2. 其中一种预测涉及对于连续变量进行估值，另一种是关于分类的。

3. 无监督学习适用于涉及识别数据中的模式（聚类）的场景。

4. 强化学习适用于涉及在可能变化的环境中必须做出一系列决策的场景。

5. 半监督学习是指在某些可用数据具有目标值，而另外一些数据没有目标值的情况下进行预测。

6. 如果在训练集上训练过的模型不能很好地被推广到验证集

（即对验证集的预测比对训练集的预测要差得多），这时则存在过度拟合问题。

7. 验证集用于比较不同的模型，以便最终选择精度高、通用性好的模型。测试集被用在最后，是为了对所选模型的精度提供最终测试。

8. 分类特征是一种非数字特征，其中类型被分配到多个类别之中。

9. 数据清洗可包括纠正记录格式不一致、剔除无效数据、清洗重复数据、清洗异常值，以及清洗缺失数据。

10. 贝叶斯定理处理这样一种情况：知道 X 在 Y 条件上的概率，希望得到 Y 在 X 条件上的概率。

作业题

1. 对于三次多项式，训练集和测试集的标准误差分别为 31 989 和 36 986。对于四次多项式，训练集和测试集的标准误差分别为 21 824 和 32 932。随着多项式次数的增加，训练集的精度得到了提高，但训练集模型的性能与测试集模型的性能有较大的差异。

2. 利用贝叶斯定理：

$$P(\text{Spam}|\text{Word}) = \frac{P(\text{Word}|\text{Spam})\,P(\text{Spam})}{P(\text{Word})}$$

$$= 0.4 \times 0.25/0.125 = 0.8$$

包含该单词的电子邮件有 80% 可能是垃圾邮件。

第2章

练习题

1. 在无监督学习中，针对特征规模进行缩放是必要的，这是为了确保特征被同等对待。Z 评分标准化法是其中一种方法，它对每个特征进行缩放，使其均值为 0，标准差为 1。极值缩放方法是另一种方法，当存在异常值时，极值缩放效果不会太好，因为其余被缩放取值会很接近。但是，当特征在具有上下界的尺度内时，极值缩放效果可能优于 Z 评分标准化法。

2. 距离为 $\sqrt{(6-2)^2+(8-3)^2+(7-4)^2}=7.07$。

3. 通过对特征进行平均，由此得出中心。对于这 3 个特征，其取值分别为 4、5.5 和 5.5。

4. 我们选择 k 点作为聚类中心，将观测值分配给最近的聚类中心，然后重新计算聚类中心，随后将观测值重新分配给聚类中心，等等。

5. 在肘部法中，当增加很小的聚类时，我们寻找惯性矩（即聚类平方和）的边际提升点。在轮廓法中，我们计算每个 k 值和每个观测值 i。

   a (i)：每个子聚类中观测值 i 与内部其他观测值之间的距离平均数；

   b (i)：所有观测值 i 与外部最近的聚类中观测值之间的平均距离。

   观测值的轮廓是：

$$s(i) = \frac{b(i) - a(i)}{\max[a(i),\ b(i)]}$$

k 的最佳值是所有观测值平均轮廓最大的值。

6. 随着特征数量的增加，特征之间的平方差之和具有更多的项，因此数值会趋于增加。当错误地创建了 10 个增加特征时，两个观测值之间的距离增加了 $\sqrt{2}$ 倍，因为每个平方差被计算了两次。

7. 在分层聚类中，我们首先将每个观测值放入自己的聚类中。在每个步骤中，我们都会找到两个最近的聚类群，并将它们连接起来，创建一个新的聚类群。这样做的缺点是速度慢，优点是可以识别类群内的子类群。

8. 基于分布的聚类包括，假设观测值是由两个分布创建的，并使用统计方法将它们进行分离。基于密度的聚类包括，向一个聚类添加新的点，该点靠近该聚类中已有的几个点。它会导致聚类的非标准形状。

9. 当存在许多高度相关的特征时，主成分分析（PCA）会比较有用，它有可能用少量相互无关的因子（可被视为制造特征的动因）来解释数据中的大部分变动。

10. 因子负荷可视为因子中每个原始特征的数量，每个观测值都可以表示为这些因子的线性组合。观测数据的因子得分是观测数据中因子的数量。

作业题

1. 我们可以验证表 2-8 中的数字，如下页表格所示。

	和平指数	法律风险指数	GDP 增长率（%）
14 个高风险国家 / 地区的平均数	2.63	4.05	-3.44
所有国家 / 地区的平均数	2.00	5.60	2.37
所有国家 / 地区的标准差	0.45	1.49	3.24
14 个国家 / 地区的标准化平均数	1.39	-1.04	-1.79

例如，和平指数为（2.00-2.63）/ 0.45=-1.39。

2. 定义 X_1、X_2、X_3 和 X_4 为清廉指数、和平指数、法律风险指数和 GDP 增长率。如果这些数据经过标准化处理，则表 2-11 显示如下因子：

$$0.594X_1-0.530X_2+0.585X_3+0.152X_4$$

以及：

$$0.154X_1+0.041X_2+0.136X_3-0.978X_4$$

第一个因子对前 3 个指数设定的权重大致相等，对 GDP 增长率设定的权重很小，第二个因子几乎把所有的权重都赋予了 GDP 增长率。这表明，GDP 增长率提供的信息与其他 3 项指标不同。

现在我们采用每个系数除以相应特征的标准差来创建因子，第一个因子变成：

$$0.031X_1-1.185X_2+0.394X_3+0.047X_4$$

第二个因子变成：

$$0.008X_1+0.092X_2+0.091X_3-0.302X_4$$

第3章

练习题

1. "普通"线性回归目标是对于预测目标值的均方误差进行最小化。

2. 在岭回归中，我们将常数乘以系数平方，然后加上均方误差；在套索回归中，我们将常数乘以系数绝对值之和，然后加上均方误差；在弹性净回归中，我们将不同常数分别乘以系数平方和以及系数绝对值之和，然后加上均方误差。

3. 当特征之间的相关性较高时，岭回归降低了系数的数量。套索回归将那些对预测结果影响不大的变量系数的值设定为0。

4. 一个虚拟变量设定为：如果房子设有空调，则等于1，否则为0。

5. 我们可以使用一个虚拟变量，0表示无坡度，1表示比较缓的坡度，2表示中度缓坡，3表示坡度较陡。

6. 我们为每个邻居都创建一个虚拟变量：如果其房子在附近，虚拟变量等于1，否则为0。

7. 正则化旨在通过减少回归中的权重（即系数）来避免过度拟合。

8. Sigmoid 函数为：

$$f(y) = \frac{1}{1 + e^{-y}}$$

9. 逻辑回归的目标是对以下函数进行最大化：

$$\sum_{正产出} \ln(Q) + \sum_{负产出} \ln(1-Q)$$

Q 是正产出的估计概率。

10. 真正率是正确预测的分类为正的结果的比例，即预测值为正、预测目标的真实值为负的百分比。精度是在分类中实际结果为正，而根据筛检被判为正的比率。

11. 在 ROC 中，真正率与假正率相对应。它显示了正确预测分类为正的结果和正确预测分类为负的结果之间的平衡。

作业题

1. 关于工资变量（Y）的普通线性回归结果为：

$$Y = 178.6 - 20\ 198.5X_1 + 89\ 222.3X_2 - 151\ 267.2X_3$$
$$+ 116\ 798.2X_4 - 34\ 494.8X_5$$

均方误差为 604.9。对于岭回归，我们有如下表格。

λ	A	b_1	b_2	b_3	b_4	b_5	MSE
0.02	178.6	102.5	56.2	10.0	−33.4	−72.9	889.5
0.05	178.6	78.2	43.4	9.7	−21.1	−48.2	1 193.9
0.10	178.6	57.3	33.3	10.2	−10.7	−28.9	1 574.0

对于套索回归，我们有如下表格。

λ	A	b_1	b_2	b_3	b_4	b_5	MSE
0.02	178.6	0.0	175.6	0.0	264.0	−380.3	711.8
0.05	178.6	0.0	250.8	0.0	0.0	−190.2	724.4
0.10	178.6	0.0	2497	0.0	0.0	−189.1	724.6

第4章

练习题

1. 在决策树方法中，特征会按其重要性顺序被逐一考虑。而在回归方法中，所有特征会被同时考量。决策树方法不做线性假设，也更直观。与线性回归相比，决策树对极端观测值的敏感性也较低。

2. 当存在 n 个备选结果时，信息熵的定义为：

$$-\sum_{i=1}^{n} p_i \ln\left(p_i\right)$$

式中，p_i 是第 i 个结果出现的概率。

3. 当存在 n 种备选结果时，基尼测度定义为：

$$1-\sum_{i=1}^{n} p_i^2$$

式中，p_i 是第 i 个结果出现的概率。

4. 信息增益是以信息熵或基尼测度的减少来衡量的。

5. 分界点是使信息增益达到最大化的取值。

6. 朴素贝叶斯分类器假设分类中观测值的特征是独立的。

7. 集成方法是一种将多种算法结合起来进行单一预测的方法。

8. 随机森林是决策树的集合，不同的决策树是通过使用特征子集或观测子集，或通过改变分界点来创建的。

9. 引导聚集算法涉及从观测值或特征中取样，以便在不同的训练集上使用相同的算法，而提升算法则按顺序来创建模型，每个模型都试图纠正前一个模型的误差。

10. 决策树算法是透明的，因为它可以给出做出特定决策的原因。

作业题

1. 预测只有当 $FICO > 716$，且收入 $> 48\,710$ 时，贷款才是良好的。混淆矩阵如下所示。

	预测履约	预测违约
预测结果为正（履约）	12.94%	69.19%
预测结果为负（违约）	1.42%	16.45%

2. 以良好贷款为条件，$FICO = 660$ 的概率密度为：

$$\frac{1}{\sqrt{2\pi} \times 31.29} \exp\left[-\frac{(660 - 696.19)^2}{2 \times 31.29^2} \right] = 0.006\,5$$

以良好贷款为条件，收入 $= 40$ 的概率密度函数为：

$$\frac{1}{\sqrt{2\pi} \times 59.24} \exp\left[-\frac{(40 - 79.83)^2}{2 \times 59.24^2} \right] = 0.005\,4$$

以不良货款为条件，$FICO = 660$ 的概率密度为：

$$\frac{1}{\sqrt{2\pi} \times 24.18} \exp\left[-\frac{(660 - 686.65)^2}{2 \times 24.18^2} \right] = 0.009\,0$$

以不良货款为条件，收入 $= 40$ 的概率密度函数为：

$$\frac{1}{\sqrt{2\pi} \times 48.81} \exp\left[-\frac{(40 - 68.47)^2}{2 \times 48.81^2} \right] = 0.006\,9$$

贷款为良好的概率是：

$$\frac{0.006\,5 \times 0.005\,4 \times 0.827\,6}{Q} = \frac{2.90 \times 10^{-5}}{Q}$$

其中 Q 是 $FICO = 660$ 和收入 = 40 的联合概率密度。贷款为不良的概率是：

$$\frac{0.006\,9 \times 0.009\,0 \times 0.172\,4}{Q} = \frac{1.07 \times 10^{-5}}{Q}$$

因此，贷款为不良的概率是：

$$\frac{1.07}{1.07 + 2.90}$$

即约为 27%。

第 5 章

练习题

1. 支持向量机分类的目的是寻找一条尽可能对于观测数据进行正确分类的路径，并使一类观测位于路径的一侧，使另一类观测位于路径的另一侧。

2. 在硬间隔分类中，目标是找到没有错误分类观测的最宽路径（假设存在此类路径）。在软间隔分类中，目标函数包含了路径宽度和错误分类程度之间的权衡。

3. 初始方程为：

$$\sum_{j=1}^{m} w_j x_j = b_u$$

$$\sum_{j=1}^{m} w_j x_j = b_d$$

在没有损失共性的情况下，我们可以对参数进行缩放，从而使方程变成：

$$\sum_{j=1}^{m} w_j x_j = b+1$$

$$\sum_{j=1}^{m} w_j x_j = b-1$$

4. 路径宽度随权重增加而减小，这就是为什么我们最小化的函数包含权重平方和。

5. 路径宽度随着我们加大对离群行为的权重而减小。

6. 离群程度是指为了将观测数据移入正确类别中，数据点需要在特征数据空间中移动的最短距离。对于正产出的数据，该值为：

$$\max \left(b+1 - \sum_{j=1}^{m} w_j x_{ij}, \ 0 \right)$$

对于负产出的数据，该值为：

$$\max \left(\sum_{j=1}^{m} w_j x_{ij} - b+1, \ 0 \right)$$

7. 我们转换特征并创建新特征，以便可以使用线性分类。

8. 地标是特征空间中的一个关键点，可能与观测值对应，也可能与观测值不对应；高斯径向基函数是一个综合特征，它的值随着观测值离地标越远而越小。

9. 在支持向量机回归模型中，目标是在由目标和特征定义的空间，找到一条具有预先指定宽度的路径。这条路径被设计成包含尽可能多的观测结果，路径外的数据提高了离群的成本，这里的目标就是对离群程度进行最小化，也包含了正则化处理。与岭回归类似，正则化的设计避免了权重过大的现象。

10. 区别如下：

- 目标和特征之间的关系用一条路径而不是一条线来表示；
- 当观测值位于路径内时，预测误差为 0；
- 路径外观测的误差被计算为目标值与路径中和特征取值一致的最近点之间的差；
- 目标函数中有一些正则化处理。

作业题

1. 由 Sklearn 的 SVM 软件包产生的表格如下（由 Excel 得出的结果也许会稍有不同）。

C	w_1	w_2	b	贷款被错误分类	路径宽度
0.01	0.042	0.015	3.65	20%	44.8
0.001	0.038	0.013	3.40	20%	49.8
0.000 5	0.019	0.008	1.90	20%	96.8
0.000 3	0.018	0.004	1.71	30%	105.6
0.000 2	0.018	0.002	1.63	40%	212.7

第 6 章

练习题

1. 隐藏层是一组中间值，这些隐藏层被用于通过神经网络的输入来计算输出。输入集合构成输入层，输出层报告输出数据。神经元是隐藏层中的一个元素，是为了实现计算而设定的。激活函数是用来计算前一层神经元取值的函数。

2. 计算神经元取值的 Sigmoid 函数为：

$$f(y) = \frac{1}{1+\mathrm{e}^{-y}}$$

式中，y 等于一个常数（偏置）加上前一层神经元值的线性组合。

3. 万能近似定理指出，任何连续非线性函数都可以用一层神经网络来逼近到任意精度。

4. 当目标为数值时，建议的最终激活函数为线性；当观测结果被分类时，建议的激活函数为 Sigmoid 函数。

5. 学习率是指一旦确定了最陡的下降线，沿着顶峰继续往下走的幅度的大小。

6. 如果学习率太低，梯度下降算法将太慢；当学习率太高时，在找到最小值之前，可能会出现迭代振荡。

7. 将训练集的结果与验证集的结果进行比较。当结果开始偏离时，应停止训练以避免过度拟合。

8. 对衍生产品定价通常会使用计算较慢的数值计算过程（如蒙特卡罗模拟），我们可以创建一个神经网络来对衍生产品进行估值，其中要利用数值方法提前建立大量衍生产品价格数据，然后对神经网络进行数据训练，并用于未来产品的估值。

9. 在常规神经网络中，一层节点的取值与前一层所有节点的值有关。在 CNN 网络中，一层节点的取值只与前一层中一小部分节点的取值有关。

10. 递归神经网络中存在一个时间序列，某层中的节点取值与该节点之前计算的值以及前一层的节点均有关。

作业题

1. 参数数量为 $6 \times 10 + 10 \times 11 \times 1 + 11 \times 1 = 181$。

2. 当起点为 1.000 0、学习率为 0.000 2 时，我们得到以下数据。

迭代	b 的取值	梯度	b 的变化
0	1.000 0	−11 999	2.399 8
1	3.399 8	−4 342.2	0.868 4
2	4.268 2	−1 571.4	0.314 3
3	4.582 5	−568.6	0.113 7
4	4.696 2	−205.8	0.041 2
5	4.737 4	−74.5	0.014 9
6	4.752 3	−26.9	0.005 4
7	4.757 7	−9.8	0.002 0
8	4.759 6	−3.5	0.000 7
9	4.760 3	−1.3	0.000 3
10	4.760 6	−0.5	0.000 1
11	4.760 7	−0.2	0.000 0
12	4.7607	−0.1	0.000 0

3. Sigmoid 函数的有一个参数为 0，因此 $V_1 = V_2 = V_3 = 0.5$，房价等于 $3 \times 0.5 \times 100 = 150$。

第7章

练习题

1. 在强化学习中，目标是以某种优化方式，随时间和环境变化，做出一系列决策。在有监督的学习中，单个或多个目标是在单一时点被进行估算。

2. "开发"包括采取迄今为止确定的最佳决策，"试探"包括随机选择不同的决策。如果一个算法只是涉及"开发"，它可能永远不会找到最佳决策；如果它只是涉及"试探"，它将不会受益于它已经学到的东西。

3. 动态规划涉及从过程的终点逐步返回到起点，来找出每个状态所对应的最佳决策。

4. 最佳策略是让你的对手面临 $4n+1$ 根火柴，其中 n 是一个整数。当有 8 根火柴时，最佳策略是拿起 3 根火柴。在 1 000 场和 25 000 场比赛之后，这被认定为最佳策略，但并不十分令人信服，而经过 10 万场比赛，$Q(S, A)=1$，表明算法已经找到了最优策略。

5. 在蒙特卡罗法中，每次试验都涉及开发与试探，对在某一特定状态下采取某一特定行动的价值的新观测值，是从该行动被采取之时起算起至最后观测期终止时所有未来收益的总和。

6. 在时序差分学习法中，每次试验都涉及开发与试探，对在某一特定状态下采取某一特定行动的价值的新观测值，是通过向前看一个时段，并使用对将要达到的一个状态的价值的最新估计来确定的。

7. 当存在多个决策或多个状态（或两者同时）时，决策 / 状态矩阵不会被快速填充，我们可以使用人工神经网络进行估值。

8. 深度 Q 学习是指将人工神经网络与强化学习结合使用。

作业题

1. 使用"蒙特卡罗法"，我们更新步骤如下：

$Q(8, 1) = 0.590+0.05(1.000-0.590) = 0.611$

$Q(6, 1) = 0.818+0.05(1.000-0.818) = 0.827$

$Q(4, 1) = 0.341+0.05(1.000-0.341) = 0.374$

$Q(2, 1) = 1.000+0.05(1.000-1.000) = 1.000$

对于"时序差分学习法"，我们更新步骤如下：

$Q(8, 1) = 0.590+005(0.818-0.590) = 0.601$

$Q(6, 1) = 0.818+0.05(1.000-0.818) = 0.827$

$Q(4, 1) = 0.341+0.05(1.000-0.341) = 0.374$

$Q(2, 1) = 1.000+0.05(1.000-1.000) = 1.000$

术 语 表

激活函数 activation function 将一层神经元的取值与前一层神经元的取值联系起来的函数。

AdaBoost 增加错误分类观测的权重，该算法针对难以区分的样本，是提升算法的一种。

自适应学习 adaptive learning 在每次迭代中选择并优化学习率的过程。

对抗机器学习 adversarial machine learning 通过开发数据来愚弄机器学习算法。

阿尔法围棋 AlphaGo 谷歌开发的围棋程序。

人工神经网络 artificial neural network，ANN 用来将目标与特征联系起来的一个非线性的函数网络。

反向传播 backpropagation 一种快速计算神经网络中偏导数的方法，它是从后端反推到前端来进行运算的。

引导聚集算法 bagging 在不同的随机数据子集上训练相同的算法。

贝叶斯学习 Bayesian learning 用贝叶斯定理更新概率。

偏置 bias 神经网络中的常数项。

提升算法 boosting 其中一个算法通过迭代来纠正之前算法中的错误。

分类特征　categorical feature　属于若干类别之一的非数字特征。

卷积神经网络　convolutional neural network，CNN　可以将一层神经元连接到上一层神经元的一个子集。

决策树　decision tree　在机器学习中，决策树是一个预测模型，代表的是特征与预测目标之间的一种映射关系。由于这种决策分支画成图形很像一棵树的枝干，故称决策树。

深度 Q 学习　deep Q-learning　结合深度强化学习和神经网络来确定 Q 值。

深度强化学习　deep reinforcement learning　见深度 Q 学习。

基于密度的聚类　density-based clustering　一种构造非标准聚类模式的方法。

基于分布的聚类　distribution-based clustering　一种通过将观测值与混合分布进行拟合的聚类方法。

动态规划　dynamic programming　从最后一步着手向前推移来制定最佳决策的方式。

弹性网络回归　elastic net regression　套索回归与岭回归的结合。

肘部法　elbow method　通过观测明显拐弯处来选择最佳参数的过程。

集成学习　ensemble learning　结合几种算法的结果来进行学习的算法。

熵　entropy　用于测定不确定性的度量方式。

历元　epoch　完成一轮训练等于使用训练集中的全部样本训练一次。通俗地讲，轮数就是整个数据集被轮用的次数。

开发　exploitation　追求迄今为止已确定的历史最佳决策，即利用已有的经验来获取收益。

试探　exploration　这是随机选择的决策，以寻求未来有更好的收益。

因子负荷　factor loading　进行主成分分析时因子中的特征向量。

因子得分　factor score　进行主成分分析时观测到的因子数量。

假正率　false positive rate　即预测值为正、预测目标的真实值为负的百分比，由这部分检测出来的假正的样本数除以所有真负的样本数计算而得。

特征　feature　用于机器学习算法的变量。

特征缩放　feature scaling　确保特征处在可比较的量级的一种处理过程。

FICO 评分　FICO score　美国的信用评分。

间隔统计量　gap statistic　通过比较聚类数据和随机分布数据来选择聚类数量的一种方法。

GDPR　见《通用数据保护条例》。

《通用数据保护条例》　General Data Protection Regulation　欧盟引入的关于数据保护的条例。

基尼测度　Gini measure　一种不确定性测度。

梯度提升算法　gradient boosting　一个新的预测与之前预测的误差相适应，以此来提升预测精度。

梯度下降算法　gradient descent algorithm　通过在多维空间中逐步下降来计算最小值。

贪婪行为　greedy action　见"开发"。

汉斯　Hans　看起来很聪明的德国马，该马的聪明行为最终被解释为是对（可能是无意）提供微妙暗示的一种简单行为反应。

硬间隔分类　hard margin classification　无离群时的支持向量机分类。

隐藏层　hidden layer　输入层和输出层之间的一层神经元。

层次聚类　hierarchical clustering　通过每个层级来进行一次观测，以建立聚类的方法。

超参数　hyperparameter　用于训练模型，但不直接用于进行预测的参数。

惯性矩　inertia　当数据产生聚类时，聚类内的数据与聚类中心距离的平方和。

信息内涵　information content　减少不确定性。

输入层　input layer　输入到神经网络的一组特征的取值。

内核技巧　kernel trick　从现有特征创建新特征的捷径。

k- 均值算法　k-means algorithm　是一种无监督学习中的基于距离计算

的聚类算法。

标签 label 目标或特征的标签。

地标 landmark 特征空间中用于创建新特征的关键点。

套索回归 lasso regression 在线性回归中，将权重的绝对值之和加到目标函数中的一种正则化方式。

网络层 layer 用来描述神经网络的输入、输出或一组中间神经元的术语。

学习率 learning rate 梯度下降算法中的步长。

线性回归 linear regression 假设目标和特征之间的关系呈线性关系的回归方式。

逻辑回归 logistic regression 这是业界比较常用的回归方法，运用 Sigmoid 函数来估计某种事物发生的概率。

长短期记忆 long short-term memory 一种测试先前观测值的重要性，并将其应用于更新的方法。长短期记忆网络是一种时间递归神经网络，适合于处理与预测特征数据间隔和延迟相对较长，但有重要后续影响的事件。

最大似然法 maximum likelihood method 通过最大化观测发生概率来确定参数的方法。

小批量随机梯度下降 mini-batch stochastic gradient descent 在每次迭代中，使用数据子集的梯度下降量。

极值缩放 min-max scaling 通过减去最小特征取值并除以最大和最小特征取值之间的差来缩放特征。

蒙特卡罗法 Monte Carlo method 在强化学习中，通过观测总预期收益来更新 Q 值（可能会贴现）。

多臂老虎机问题 multi-armed bandit problem 是从赌场中的多臂老虎机的场景中提取出来的数学问题，即选择最好的摇臂来实现收益最大化。

朴素贝叶斯分类器 naïve Bayes classifier 当类别特征为独立时，计算条件概率（或数值变量的条件值）的一种方法。

神经元　neuron　神经网络中含有中间值的节点。

Nim 游戏　Nim game　是一种组合游戏，可以完美展示强化学习过程。

n 步自助　n-step bootstrapping　通过观测 n 步后的取值在强化学习中更新 Q 值。

独热编码　one-hot encoding　将分类变量转换为数值变量的方式。

输出层　output layer　从神经网络输出的一组目标值。

精度　precision　在分类中实际结果为正，而根据筛检被判为正的比率。

主成分分析　principal components analysis　使用少量不相关因子，来替换相关特征数据的一种方法。

Maven 项目　project Maven　谷歌与美国国防部之间的合作项目，后来被谷歌取消。

P 值　P-value　P 值是在统计学意义上判定检验结果的一个概率，即当原假设为真时所得的样本观测结果出现的概率。如果 P 值很小（小于显著性水平），说明原假设出现的概率很小，我们就有理由拒绝原假设，从而不能拒绝备择假设。

Q 学习　Q-learning　是强化学习的算法之一，学习过程是在不同状态下选择最优行为，即利用自身经历的动作序列，来选择最优决策。

Q 值　Q-value　在强化学习中确定的特定状态和行为的最佳收益。

径向基函数　radial bias function，RBF　测定离开地标距离的函数，用于创建新特征以确定支持向量机中的非线性路径。

随机森林　random forest　决策树集合。

径向基函数　RBF　见"径向基函数"。

召回率　recall　见"真正率"。

接收器工作曲线　receiver operating curve，ROC　分类中真正率与假正率的对比曲线。

递归神经网络　recurrent neural network，RNN　是一种神经网络，其权值是由前一次观测值计算得出。

正则化　regularization　简化模型以避免过度拟合并减少权重的大小。

强化学习 reinforcement learning 开发与环境交互的多阶段决策策略。

岭回归 ridge regression 在线性回归中通过将加权平方和赋给目标函数来进行正则化。

RNN 见"递归神经网络"。

R^2 R-squared statistic 线性回归中通过特征解释目标方差的比例。

半监督学习 semi-supervised learning 当只有部分可用数据包含目标值时，进行目标预测的方式。

敏感性 sensitivity 见"真正率"。

Sigmoid 函数 Sigmoid function 逻辑回归和神经网络中的 S 形函数，值介于 0 和 1 之间。

轮廓法 silhouette method 一种基于观测距离计算聚类数的方法。

SMOTE 该算法的全称为合成少数过采样算法（synthetic minority oversampling technique），即对训练集样本数量较少的类别（少数类）进行过采样处理，以此合成新的样本来缓解不同类数据不平衡。

软间隔分类 soft margin classification 在有离群情形存在时的支持向量机分类。

特异性 specificity 见"真负率"。

幌骗行为 spoofing 操纵市场的非法企图。

停止规则 stopping rule 当验证结果偏离训练集结果时，神经网络停止学习的规则。

监督学习 supervised learning 预测一个或多个目标的取值。

支持向量 support vector 在路径边缘的观测值。

支持向量机分类 SVM classification 构造一条路径来对目标进行分类。

支持向量机回归 SVM regression 连续目标变量预测路径的构建。

目标变量 target 预测的目标变量。

Tay "thinking about you"的简称，这是微软推出的与女性青少年互动的程序。

时序差分学习 temporal difference learning 通过观测下一步或者多

步来更新目前 Q 值的方法。

测试数据集 test data set 用于确定最终选择的模型精度的数据集。

训练数据集 training data set 用于估计测试模型参数的数据集。

真负率 true negative rate 分类中被正确预测为负的结果的占比。

真正率 true positive rate 分类中被正确预测为正的结果的百分比。

t **统计量** *t*-statistic 线性回归中一个参数除以其标准差的取值。

万能近似定理 universal approximation theorem 该定理表明一个具有单一隐藏层的神经网络在具有足够的神经元的情况下，就可以任意逼近任何连续函数。

无监督学习 unsupervised learning 描述数据的变化规律，通常使用聚类分析。

验证数据集 validation data set 用于确定从训练集派生的模型，在不同数据上使用的数据集。

权重 weight 一个特征取值的系数，或者（在神经网络的情况下）一个神经元的取值所对应的系数。

Z **评分标准化** *Z*-score normalization 通过剔除均值，并除以标准差来进行特征缩放的方法。